Diese Mitteilungen setzen eine von Erich Regener begründete Reihe fort, deren Hefte am Ende dieser Arbeit genannt sind.

Bis Heft 19 wurden die Mitteilungen herausgegeben von J. Bartels und W. Dieminger. Von Heft 20 an zeichnen W. Dieminger, A. Ehmert und G. Pfotzer als Herausgeber, ab Heft 51 W. Dieminger und G. Pfotzer.

Das Max-Planck-Institut für Aeronomie vereinigt zwei Institute, das Institut für Stratosphärenphysik und das Institut für Ionosphärenphysik.

Ein **(S)** oder **(I)** beim Titel deutet an, aus welchem Institut die Arbeit stammt.

Anschrift der beiden Institute:

3411 Lindau

ISBN-13: 978-3-540-07047-4   e-ISBN-13: 978-3-540-07047-4
DOI: 10.1007/978-3-540-07047-4

DAS PHOTOCHEMISCHE, DYNAMISCHE UND THERMODYNAMISCHE VERHALTEN DER OBEREN IONOSPHÄRE

von

PETER STUBBE

Inhaltsverzeichnis

1. **Einleitung** 5

    1.1 Geschichtlicher Rückblick 5
    1.2 Das Ziel der vorliegenden Arbeit 6

2. **Theorie** 7

    2.1 Das Neutralgas 7
       2.11 Die Anwendbarkeit der Transportgleichungen auf die obere Atmosphäre 7
       2.12 Die Transportgleichungen des Neutralgases 10
       2.13 Das empirische Modell für die Neutralgastemperatur und -dichte 13
       2.14 Die Zusammensetzung des Neutralgases 16
    2.2 Das ionosphärische Plasma 27
       2.21 Allgemeine Plasmaeigenschaften 27
       2.22 Die Bewegungsgleichungen 28
       2.23 Die Kontinuitätsgleichungen 31
       2.24 Die Energiegleichungen 34
       2.25 Die Randwerte 37

3. **Ergebnisse I: Das neue Atmosphärenmodell** 40

    3.1 Vorbemerkungen 40
    3.2 Gewinnung des neuen Atmosphärenmodells 43

4. **Ergebnisse II: Vergleich gemessener und berechneter Bestimmungsgrößen der Ionosphäre** 52

    4.1 Tagesgänge von N_mF2 und h_mF2 52
    4.2 Elektronentemperatur 60
    4.3 Ionendichten 63
    4.4 Die Sonnenfinsternis des 7.3.1970 67

5. **Zusammenfassung und Ausblick** 69

Anhang A: Die Zusammensetzung des Neutralgases 72

    A1 Molekulare Diffusion 72
    A2 Turbulente Diffusion 73
    A3 Photochemische Reaktionen 74
    A4 Kontinuitätsgleichung 75
    A5 Randwerte 75

Anhang B: Numerisches Lösungsschema 77

Anhang C: Ionen-Stoßzahlen.. 78

    C 1 Stöße zwischen Ionen und nichtverwandten Neutralgasteilchen................. 80

    C 2 Stöße zwischen Ionen und verwandten Neutralgasteilchen..................... 81

    C 3 Stöße zwischen Ionen verschiedener Sorten oder Ionen und Elektronen 82

Anhang D: Temperaturabhängigkeit der Reaktionskonstante für
Ionen-Neutralgas-Reaktionen........................... 82

Anhang E: Die Koeffizienten der Ionen-Kontinuitätsgleichungen 85

Literaturverzeichnis... 87

1. Einleitung

1.1 Geschichtlicher Rückblick

Erste Mutmaßungen über die Existenz von elektrischen Strömen in der Atmosphäre als Ursache für tageszeitliche Variationen des Erdmagnetfeldes wurden bereits 1839 von C.F. GAUSS geäußert. Diese Hypothese ist um so erstaunlicher, als nach dem Wissen der damaligen Zeit Luft als Nichtleiter elektrischer Ströme galt. Nach den ersten erfolgreichen Versuchen mit Vakuum-Röhren folgerte W. THOMSON (Lord KELVIN) im Jahre 1860, daß die Luft in Höhen oberhalb von 100 Meilen infolge ihrer hohen Verdünnung aller Wahrscheinlichkeit nach nicht "die Kraft habe, elektrischen Feldern (die ihren Ursprung auf der Erdoberfläche haben) zu widerstehen". Demzufolge müßten in diesem Höhenbereich elektrische Entladungsströme fließen. Tatsächlich wissen wir heute, daß ein ausgeprägtes Stromsystem in etwa 100 km Höhe existiert, womit sich die Thomson'sche Höhenabschätzung als recht realistisch erwies. Wir wissen aber auch, daß dieses Stromsystem nicht das Ergebnis von Entladungsvorgängen ist, sondern einerseits auf einer teilweisen Ionisierung der Neutralgasatmosphäre durch die solare Strahlung basiert, andererseits auf atmosphärischen Gezeitenbewegungen quer zum Magnetfeld der Erde. Hierdurch wird ein elektrisches Feld induziert, das einen elektrischen Strom zur Folge hat. Diese "Dynamotheorie" wurde 1878 in qualitativer Form von B. STEWART begründet und 1908 in quantitativer Form von A. SCHUSTER formuliert.

Ein anderer Weg zur Forderung einer elektrisch leitenden Schicht in der hohen Atmosphäre führte über die Experimente MARCONIS, dem es 1901 gelungen war, die Ausbreitung elektromagnetischer Wellen über den Atlantik nachzuweisen. Unabhängig voneinander äußerten 1902 A.E. KENNELLY und O. HEAVISIDE die Vermutung, daß freie Ladungsträger in der oberen Atmosphäre eine Reflexion von Radiowellen ermöglichen und damit die unerwartet großen Reichweiten erklären könnten. Diese zunächst noch hypothetische Schicht freier Ladungsträger wurde unter dem Namen "Heaviside-Kennelly-Schicht" bekannt. Erst sehr viel später, im Jahre 1926, wurde von R.A. WATSON-WATT die Bezeichnung "Ionosphäre" vorgeschlagen, unter der wir heute die elektrisch geladene Komponente der Atmosphäre oberhalb von etwa 60 km verstehen.

Der erste direkte Nachweis der Ionosphäre gelang 1925, ebenfalls unabhängig voneinander, den Engländern E.V. APPLETON und M.A.F. BARNETT und den Amerikanern G. BREIT und M.A. TUVE. Die hierzu verwendeten experimentellen Methoden - Überlagerung einer direkten und einer an der Ionosphäre reflektierten Welle bzw. Registrierung senkrecht nach oben abgestrahlter und an der Ionosphäre reflektierter Impulse - führten in der Folgezeit zu einer rasch anwachsenden Kenntnis über die Struktur der Ionosphäre und ihre zeitlichen Variationen. Man fand sehr bald, daß elektromagnetische Wellen aus verschiedenen Höhenbereichen reflektiert wurden. Nach einem Vorschlag von E.V. APPLETON, der 1947 für seine Pionierarbeit auf dem Gebiet der Ionosphärenforschung den Nobelpreis in Physik erhielt, wurden diese Ionosphärenbereiche D-Schicht (etwa 60 - 90 km), E-Schicht (etwa 90 - 150 km) und F-Schicht (etwa 150 - 1000 km) genannt.

Den Grund für ein theoretisches Verständnis des ionosphärischen Verhaltens legten 1927 H. LASSEN und 1931 S. CHAPMAN mit ihren Arbeiten über die Wirkung der solaren UV-Strahlung und von Anlagerungs- und Rekombinationsreaktionen. Die frühen theoretischen Untersuchungen gingen von der Vorstellung aus, daß die Elektronen-Ionen-Bilanz ausschließlich durch Photoionisation und Rekombination bestimmt sei. Es erwies sich aber, daß dieses einfache Konzept in der F-Schicht nicht mit den beobachteten tages- und jahreszeitlichen Variationen der Elektronendichte in Einklang zu bringen war. Demnach mußten Transportvorgänge einen wesentlichen Einfluß auf das Verhalten der oberen Ionosphäre haben. V.C.A. FERRARO führte 1945 die ambipolare Diffusion des Elektronen-Ionen-Gases in die Ionosphärentheorie ein, D.F. MARTYN 1947 die elektromagnetische Drift und J.W. KING und H. KOHL 1965 die Elektronen-Ionen-Drift durch Neutralgaswinde. Damit verfügen wir heute über das theoretische Rüstzeug, um zu einer quantitativen Erfassung der räumlichen und zeitlichen Struktur der oberen Ionosphäre (F-Schicht) zu gelangen. Wenn dennoch eine große Zahl von Problemen im Bereich der oberen Ionosphäre ungelöst ist, so liegt das weniger daran, daß die grundlegenden physikalischen Mechanismen nicht verstanden würden, als vielmehr daran, daß viele bestimmende Parameter nicht hinreichend genau bekannt sind.

1.2 Das Ziel der vorliegenden Arbeit

Es ist das Ziel der vorliegenden Arbeit, durch einen detaillierten Vergleich experimentell und theoretisch ermittelter Bestimmungsgrößen der oberen Ionosphäre in möglichst quantitativer Form festzustellen, in welchen Teilbereichen die bisher entwickelten theoretischen Vorstellungen zu hinreichender Übereinstimmung mit den experimentellen Ergebnissen führen bzw. in welchen Teilbereichen dieses nicht der Fall ist.

Die Dichten, Temperaturen und Geschwindigkeiten der ionosphärischen Bestandteile - im wesentlichen Elektronen sowie O^+-, NO^+-, O_2^+-, N_2^+-, H^+-, He^+- und N^+-Ionen - werden durch ein komplexes System gekoppelter physikalischer Mechanismen bestimmt. Die quantitativen Abläufe dieser Mechanismen hängen von einer großen Zahl von Parametern ab. Die wichtigsten sind die Neutralgasdichte, die relative Neutralgaszusammensetzung, die Intensität und spektrale Verteilung der solaren Strahlung, die Absorptions- und Ionisationswirkungsquerschnitte der solaren Strahlung sowie das umfassende System chemischer Reaktionskonstanten und atomarer Wechselwirkungsquerschnitte für den Austausch von Impuls und Energie sowie die Anregung innerer Energiezustände. Bedenkt man, daß erst seit etwa 10 bis 15 Jahren gezielte Versuche unternommen werden, um diese Vielzahl von Parametern zu bestimmen, so ist es nicht verwunderlich, daß einige von ihnen noch nicht mit hinreichender Genauigkeit vorliegen. Stellt man daher bei einem Vergleich experimentell und theoretisch ermittelter Bestimmungsgrößen der Ionosphäre eine Diskrepanz fest, so wird man im allgemeinen die Freiheit haben, durch Anpassung einiger dieser Parameter eine Übereinstimmung herbeizuführen.

Damit eine solche Anpassung physikalisch sinnvoll ist und den Charakter eines echten Meßvorganges erhält, müssen zumindest die folgenden Bedingungen erfüllt sein:

- Das theoretische Ionosphärenmodell muß die bestimmenden physikalischen Mechanismen und deren vielfache wechselseitige Kopplungen berücksichtigen.
- Die Anpassung darf sich nicht auf einen bestimmten Orts- und Zeitpunkt beschränken. Sie muß sich für verschiedene Tages- und Jahreszeiten, Zeiten innerhalb des Sonnenfleckenzyklus, Höhen und geographische Orte bewähren.
- Die Anpassung darf nicht ausschließlich auf einem Vergleich isolierter Bestimmungsgrößen, etwa der Elektronendichte - die experimentell am einfachsten bestimmbar ist - basieren. Sie muß vielmehr alle der Messung und der theoretischen Beschreibung zugänglichen Bestimmungsgrößen berücksichtigen.

Um diese Anforderungen zu erfüllen, soll in der vorliegenden Arbeit ein theoretisches Modell der oberen Ionosphäre im Höhenbereich 125 - 1000 km entwickelt werden, das

- durch Lösung der entsprechenden Kontinuitätsgleichungen die Teilchendichten der Ionensorten O^+, NO^+, O_2^+, N_2^+, H^+, He^+, N^+ und der Elektronen,
- durch Lösung der entsprechenden Bewegungsgleichungen die Geschwindigkeiten der Elektronen, der dominierenden Ionensorten O^+ und H^+ und des Neutralgases sowie
- durch Lösung der entsprechenden Energiegleichungen die Temperaturen des Ionen- und Elektronengases

beschreibt. In Kapitel 2 werden die theoretischen Grundlagen dieses Modells entwickelt. In den Kapiteln 3 und 4 folgt ein Vergleich experimenteller und theoretischer Ergebnisse sowie eine Darstellung der aus diesem Vergleich gezogenen Schlüsse. Das abschließende Kapitel 5 bringt eine Zusammenfassung und einen Ausblick auf zukünftige Arbeiten.

2. Theorie

Gegenstand dieses Kapitels soll die Aufstellung und Diskussion der Transportgleichungen - Kontinuitäts-, Bewegungs- und Wärmeleitungsgleichungen - des Neutralgases und des Elektronen-Ionen-Gases, die Beschreibung der in ihnen enthaltenen Parameter sowie die Entwicklung eines mathematischen Schemas zu ihrer Lösung sein.

2.1 Das Neutralgas

Das ionosphärische Plasma ist in einen Neutralgashintergrund eingebettet, dessen Dichte die Elektronen-Ionen-Dichte um ein Vielfaches übersteigt. Das Elektronen-Ionen-Gas geht durch Photoionisation aus dem Neutralgas hervor und steht mit diesem in vielfacher chemischer, dynamischer und thermodynamischer Wechselwirkung. Es ist somit verständlich, daß eine Beschreibung des ionosphärischen Verhaltens ohne eine genaue Kenntnis der Bestimmungsgrößen der Neutralgasatmosphäre nicht möglich ist. Die wichtigsten dieser Bestimmungsgrößen sind die Teilchendichten der Hauptbestandteile O_2, N_2, O, H und He in einer bestimmten Referenzhöhe sowie die Neutralgastemperatur T_n als Funktion der Höhe. Sind diese Größen weltweit bekannt, so lassen sich daraus alle weiteren Parameter der Neutralgasatmosphäre ableiten, insbesondere horizontale Druckgradienten, die die wesentliche Antriebskraft für das thermosphärische Windsystem darstellen [s. KOHL, 1972].

2.11 Die Anwendbarkeit der Transportgleichungen auf die obere Atmosphäre

Die makroskopischen Größen n (Teilchendichte), T (Temperatur) und $\underline{v}$ (Geschwindigkeit) sind definiert, wenn die folgenden Voraussetzungen erfüllt sind:

1. Es müssen Volumenelemente abteilbar sein, die einerseits groß genug sind, um eine hinreichend große Zahl von Teilchen zu beinhalten, andererseits aber klein genug, damit die Änderung der betreffenden makroskopischen Größe von Volumenelement zu Volumenelement hinreichend klein ist. Die Teilchenzahl N ist dann hinreichend groß, wenn sie groß gegen ihre statistische Schwankung ist.
2. Es müssen Zeitabschnitte wählbar sein, die einerseits groß sind gegen die Zeit, die ein Teilchen zum Durchqueren des Volumenelements benötigt, andererseits aber klein genug, damit die Änderung der betreffenden makroskopischen Größe von Zeitabschnitt zu Zeitabschnitt hinreichend klein ist.

In dem betrachteten Höhenbereich zwischen 125 km und 1000 km sind beide Bedingungen für alle Teilchensorten problemlos erfüllt. Somit sind die Maxwellschen Transportgleichungen in der oberen Atmosphäre gültig. Mit dieser Feststellung ist jedoch nicht viel gewonnen, da zur praktischen Anwendung der Transportgleichungen die Transportkoeffizienten - in unserem Fall Viskosität, Wärmeleitfähigkeit und Diffusionskoeffizient - bekannt sein müssen. Dieses aber setzt die Kenntnis der Verteilungsfunktion f im Phasenraum voraus.

Die Annahme einer lokalen Maxwell-Verteilung

$$f = n \cdot \left(\frac{m}{2\pi kT}\right)^{3/2} \exp\left[-\frac{m}{2kT} \cdot (\underline{c} - \underline{v})^2\right] \tag{1}$$

mit n der Teilchendichte, T der Temperatur, $\underline{c}$ der thermischen und $\underline{v}$ der makroskopischen Geschwindigkeit ist an die folgenden Bedingungen geknüpft:

3. Die mittlere freie Weglänge λ muß klein sein gegen eine für lokale Variationen von n, T und $\underline{v}$ charakteristische Länge. Da in der Erdatmosphäre Änderungen dieser Größen in vertikaler Richtung sehr viel größer sind als in horizontaler, läßt sich diese Bedingung folgendermaßen formulieren:

$$1/\lambda \gg \left|\frac{1}{n} \cdot \frac{\partial n}{\partial z}\right|, \left|\frac{1}{T} \cdot \frac{\partial T}{\partial z}\right|, \left|\frac{1}{v} \cdot \frac{\partial v}{\partial z}\right| \tag{2}$$

mit z der Höhe. Infolge der Wirkung von Viskosität und Wärmeleitung sind in der hohen Atmosphäre, etwa oberhalb von 300 km, $\underline{v}$ und T nahezu höhenunabhängig. Somit resultiert, wenn wir für n die barometrische Höhenformel ansetzen, die Bedingung

$$\lambda \ll H \tag{2a}$$

mit $H = kT/mg$ der Skalenhöhe.

4. Die mittlere Stoßzeit τ muß klein sein gegen eine für zeitliche Variationen von n, T und $\underline{v}$ charakteristische Zeit:

$$1/\tau \gg \left|\frac{1}{n} \cdot \frac{\partial n}{\partial t}\right|, \left|\frac{1}{T} \cdot \frac{\partial T}{\partial t}\right|, \left|\frac{1}{v} \cdot \frac{\partial v}{\partial t}\right| \tag{3}$$

Zeitliche Variationen atmosphärischer Parameter sind näherungsweise periodisch, wobei die Hauptperioden bei 24 und 12 Stunden liegen. Eine charakteristische Zeit beträgt somit etwa 3 Stunden.

$$\tau \ll 3 \text{ hr} \tag{3a}$$

Die Bedingungen 3 und 4 sind sehr viel strenger als die Bedingungen 1 und 2. Wir wollen sie für den wichtigsten Bestandteil der oberen Atmosphäre, den atomaren Sauerstoff, eingehender diskutieren. Mit einem gaskinetischen Teilchenradius von 10^{-8} cm und somit einem Stoßquerschnitt von $4\pi \cdot 10^{-16}$ cm^2 ergibt sich für λ und τ:

$$\lambda \approx \frac{5.6 \cdot 10^9}{n(\text{cm}^{-3})} \text{ [km]}$$

$$\tau \approx \frac{1.0 \cdot 10^{10}}{n(\text{cm}^{-3})} \cdot \left(\frac{1000}{T}\right)^{1/2} \text{ [sec]}$$

Die Skalenhöhe ist gegeben durch

$$H \approx 58 \cdot \frac{T}{1000} \text{ [km]}$$

Für eine angenommene Temperatur von 1000 °K beträgt die Teilchendichte des atomaren Sauerstoffs in 300 km nach JACCHIA [1971] $7.5 \cdot 10^8$ cm^{-3}. Somit ist:

$$n(z) = 7.5 \cdot 10^8 \exp\left[-(z-300)/58\right]$$

Es ergibt sich, daß in 420 km λ = H und in 690 km τ = 3 hr wird. Damit erweist sich (2a) als die einschränkendere der beiden Bedingungen.

Wir müssen also feststellen, daß in dem von uns gewählten Höhenbereich die Voraussetzungen für die Einstellung einer lokalen Maxwell-Verteilung nicht überall erfüllt sind. Nach der üblichen Terminologie wird durch die Höhe, in der $\lambda = H$ ist, die Thermosphäre ($\lambda < H$) von der Exosphäre ($\lambda > H$) getrennt. Die Grenze zwischen beiden Regionen ließe sich demnach als "Thermopause" oder "Exobasis" bezeichnen.

Zur Ermittlung der Verteilungsfunktion f oberhalb des Bereiches, in dem die Bedingung $\lambda \ll H$ erfüllt ist, wäre es notwendig, die Boltzmann-Gleichung zu lösen. Ein solches Vorhaben jedoch ist derzeit selbst mit numerischen Methoden bei Einsatz schnellster elektronischer Rechenanlagen nicht möglich, da allein der Stoßterm zu jedem gegebenen Orts- und Zeitpunkt eine Fünffachintegration erforderlich macht. Ein in der Aeronomie übliches Konzept zur Umgehung dieser Schwierigkeit basiert auf der Annahme, daß die Thermopause eine scharfe Grenzfläche darstellt, unterhalb der die Maxwell-Verteilung gilt und oberhalb der Teilchenbewegungen stoßfrei erfolgen [ÖPIK und SINGER, 1959]. Dadurch reduziert sich das Problem auf die Lösung der stoßfreien Boltzmann-Gleichung mit der Maxwell-Verteilung als Randbedingung an der Thermopause. Unter Annahme einer ebenen Erdoberfläche lautet die stoßfreie Boltzmann-Gleichung

$$\frac{\partial f}{\partial t} + c_x \frac{\partial f}{\partial x} + c_y \frac{\partial f}{\partial y} + c_z \frac{\partial f}{\partial z} - g \frac{\partial f}{\partial c_z} = 0 \tag{4}$$

mit g der Erdbeschleunigung. Wir wollen uns nur für die stationäre Lösung ($\partial f/\partial t = 0$) interessieren und weiterhin ebene Schichtung ($\partial f/\partial x = 0$, $\partial f/\partial y = 0$) voraussetzen. Die verbleibende partielle Differentialgleichung in z und c_z läßt sich durch einen Separationsansatz lösen. Die Lösung lautet

$$f = a \cdot \exp\left[bz + \frac{b}{2g} c_z^2\right] \tag{5}$$

Aus der Forderung, daß (5) für $z = z_o$ (z_o = Höhe der Thermopause) in (1) übergeht, lassen sich a und b bestimmen. Wir erhalten für die Verteilungsfunktion oberhalb der Thermopause:

$$f(z, \underline{c}) = n(z_o) \exp\left[-\frac{mg}{kT}(z-z_o)\right] \cdot \left(\frac{m}{2\pi kT}\right)^{3/2} \cdot \exp\left[-\frac{m}{2kT}(\underline{c}-\underline{v})^2\right] \tag{5a}$$

Im Unterschied zu (1) ist $\underline{v}$ hier die horizontale makroskopische Geschwindigkeit. Eine vertikale Komponente ist nicht zugelassen, da in (4) kein Term enthalten ist, der die Aufrechterhaltung einer Vertikalbewegung gewährleistet. Diese Einschränkung ist in Anbetracht der Tatsache, daß in der oberen Atmosphäre Vertikalgeschwindigkeiten um etwa zwei Größenordnungen kleiner sind als Horizontalgeschwindigkeiten, unbedeutend. Bei Lösung der stoßfreien Boltzmann-Gleichung in sphärischen Koordinaten mit einer nach oben hin quadratisch abnehmenden Erdbeschleunigung tritt ein Vertikalfluß auf, der dem Entweichfluß entspricht. Dieser führt zu einer mit zunehmender Höhe stärker werdenden Anisotropie der Geschwindigkeitsverteilung.

Wir ersehen aus Gleichung (5a), daß auch in der als stoßfrei angenommenen Exosphäre die Maxwell-Boltzmann-Verteilung gilt. Dieses Ergebnis mag zunächst überraschen, ist aber eine unmittelbare Konsequenz der Tatsache, daß die in der Exosphäre jeweils kurzzeitig anwesenden Teilchen der Thermosphäre entstammen und in sie zurückkehren, wobei ihre Bewegung im Phasenraum dem Liouville-Theorem genügt. Tatsächlich wird (5a) durch Berücksichtigung einer realistischeren Trennung zwischen Thermosphäre und Exosphäre sowie von Horizontalgradienten der makroskopischen Größen auf der Thermopause zu modifizieren sein, doch gibt uns (5a) die Berechtigung, zumindest näherungsweise die für die Thermosphäre gültigen Transportkoeffizienten auch auf die Exosphäre anzuwenden.

2.12 Die Transportgleichungen des Neutralgases

Wir wollen die einzelnen Bestandteile des Neutralgases durch den Index k unterscheiden und die folgende Zuordnung festlegen.[+]

k	1	2	3	4	5	6	7
Bestandteil	O_2	N_2	O	H	He	NO	N

Das Neutralgas in seiner Gesamtheit wollen wir durch den Index n kennzeichnen.

Wir benötigen hier die Transportgleichungen für die Momente nullter Ordnung (Kontinuitätsgleichung), erster Ordnung (Bewegungsgleichung) und zweiter Ordnung (Wärmeleitungsgleichung).

Die Kontinuitätsgleichung drückt die Erhaltung der Masse aus. Sie lautet für den k-ten Neutralgasbestandteil

$$\frac{\partial n_k}{\partial t} = P_k - L_k - \text{div}(n_k \underline{v}_k). \tag{6}$$

P_k und L_k beschreiben die Teilchenproduktion bzw. den Teilchenverlust pro cm^3 und sec durch photochemische Prozesse. Wir werden die Kontinuitätsgleichung in Abschnitt 2.14 anwenden, um Aussagen über die relative Neutralgaszusammensetzung zu gewinnen.

Die Bewegungsgleichung beschreibt die makroskopische Geschwindigkeit $\underline{v}_n$ unter der Wirkung innerer und äußerer Kräfte. Für ein viskoses Gas gilt:

$$\frac{d\underline{v}_n}{dt} = -\frac{1}{\rho_n}\,\text{grad}\,p_n + \frac{\eta}{\rho_n}\Delta\underline{v}_n + \frac{\eta+\eta'}{\rho_n}\,\text{grad div}\,\underline{v}_n + \underline{P} \tag{7}$$

mit ρ_n der Neutralgasdichte, p_n dem Neutralgasdruck und $\underline{P}$ der durch die mittlere Teilchenmasse dividierten äußeren Kraft. η und η' sind zwei zunächst voneinander unabhängige Zähigkeitskoeffizienten. Wendet man die für ideale Flüssigkeiten gültige Beziehung zwischen den drei Normalspannungen und dem Druck auch auf zähe Flüssigkeiten an, so folgt

$$(2\eta + 3\eta')\,\text{div}\,\underline{v} = 0,$$

woraus sich für Gase ($\text{div}\,\underline{v} \neq 0$)

$$\eta' = -\frac{2}{3}\eta \tag{8}$$

ergibt. Einsetzen von (8) in (7) führt zur Navier-Stokes-Gleichung

$$\frac{\partial \underline{v}_n}{\partial t} + (\underline{v}_n\,\text{grad})\underline{v}_n = -\frac{1}{\rho_n}\,\text{grad}\,p_n + \frac{\eta}{\rho_n}\Delta\underline{v}_n + \frac{\eta}{3\rho_n}\,\text{grad div}\,\underline{v}_n + \underline{P} \tag{9}$$

Die äußere Kraft setzt sich in der Erdatmosphäre im wesentlichen aus drei Anteilen zusammen, der Schwerkraft, der Corioliskraft und der Reibungskraft durch Impulsaustausch mit dem Ionengas. Diese

---

[+] Diese Zuordnung entspricht den empfohlenen Standardbezeichnungen für ionosphärische und atmosphärische Modelle [SWARTZ, 1972].

Reibungskraft ist gegeben durch [STUBBE, 1970]

$$\underline{P}_r = -\frac{1}{\rho_n} \sum_j n_j R_j (\underline{v}_n - \underline{v}_j) \tag{10}$$

mit

$$R_j = \sum_k \nu_{jk} \mu_{jk} \tag{10a}$$

Die Indices j bzw. k stehen für die einzelnen Ionen- bzw. Neutralgasbestandteile. $\mu_{jk} = m_j m_k/(m_j + m_k)$ ist die reduzierte Masse und ν_{jk} die Stoßzahl eines Ions der Sorte j mit den Neutralgasteilchen der Sorte k. Die Stoßzahl zwischen Ionen und Neutralgasteilchen wird in Abschnitt C (Anhang) ausführlicher behandelt werden.

Mit (10) und den bekannten Ausdrücken für die Schwerkraft und die Corioliskraft lautet die Bewegungsgleichung nun

$$\frac{\partial \underline{v}_n}{\partial t} + (\underline{v}_n \, \text{grad}) \underline{v}_n = \underline{g} - \frac{1}{\rho_n} \text{grad} \, p_n - \frac{1}{\rho_n} \sum_j n_j R_j (\underline{v}_n - \underline{v}_j) + 2(\underline{v}_n \times \underline{\Omega}) + \frac{\eta}{\rho_n} \Delta \underline{v}_n + \frac{\eta}{3\rho_n} \text{grad div} \, \underline{v}_n, \tag{11}$$

wo $\underline{g}$ die Erdbeschleunigung und $\underline{\Omega}$ die Winkelgeschwindigkeit der Erdrotation ist.

Gleichung (11) soll uns dazu dienen, die horizontale Windgeschwindigkeit in der Thermosphäre zu berechnen. Wir legen unserer Rechnung ein rechtwinkliges Koordinatensystem (x, y, z) zugrunde, dessen Achsen nach Süden, Osten und zum Zenit weisen und dessen Fußpunkt sich auf der Erdoberfläche an dem Ort, für den $\underline{v}_n$ berechnet werden soll, befindet. Da die Vertikalgeschwindigkeit v_{nz} um etwa zwei Größenordnungen kleiner ist als die Horizontalgeschwindigkeit, können wir alle Terme, in denen v_{nz} enthalten ist, vernachlässigen. Weiterhin können wir, da die vertikale Skalenlänge um etwa zwei Größenordnungen kleiner ist als die horizontale Skalenlänge, Ableitungen von $\underline{v}_n$ nach x und y gegenüber Ableitungen nach z vernachlässigen. Lediglich im Gradiententerm auf der linken Seite von Gleichung (11) wollen wir diese Vernachlässigung nicht konsequent durchführen, sondern die Vertauschbarkeit von geographischer Länge und Ortszeit ausnutzen, um die Ableitung nach y durch eine Ableitung nach t gemäß

$$\frac{\partial}{\partial y} = f(\varphi) \cdot \frac{\partial}{\partial t} \; ; \; f(\varphi) = \frac{2.16 \cdot 10^{-5}}{\cos \varphi} \, \text{cm}^{-1} \, \text{sec} \tag{12}$$

zu ersetzen. Hierin ist φ die geographische Breite. Die Rechfertigung für diese Inkonsistenz ergibt sich aus den Ergebnissen von RÜSTER und DUDENEY [1972], nach denen der Gradiententerm unter gewissen Bedingungen von Bedeutung sein kann und nach denen die beiden Anteile dieses Terms in gleicher Richtung wirken. Damit ist sichergestellt, daß eine nur teilweise Berücksichtigung des Gradiententerms zu genaueren Ergebnissen führt als eine komplette Vernachlässigung.

Mit diesen Vereinfachungen ergeben sich aus (11) die beiden Bewegungsgleichungen für v_{nx} und v_{ny} in der folgenden Form:

$$\frac{\partial v_{nx}}{\partial t} = \frac{1}{1+v_{ny}f(\varphi)} \left\{ \frac{\eta}{\rho_n} \frac{\partial^2 v_{nx}}{\partial z^2} - \frac{v_{nx}}{\rho_n} \sum_j n_j R_j + 2 v_{ny} \Omega \sin\varphi + \frac{1}{\rho_n} \sum_j n_j R_j v_{jx} - \frac{1}{\rho_n} \cdot \frac{\partial p_n}{\partial x} \right\} \tag{13a}$$

$$\frac{\partial v_{ny}}{\partial t} = \frac{1}{1+v_{ny}f(\varphi)} \left\{ \frac{\eta}{\rho_n} \frac{\partial^2 v_{ny}}{\partial z^2} - \frac{v_{ny}}{\rho_n} \sum_j n_j R_j - 2 v_{nx} \Omega \sin\varphi + \frac{1}{\rho_n} \sum_j n_j R_j v_{jy} - \frac{1}{\rho_n} \cdot \frac{\partial p_n}{\partial y} \right\} \tag{13b}$$

Der Viskositätsterm ist in einem Höhenbereich wichtig, in dem der atomare Sauerstoff der dominierende Neutralgasbestandteil ist. Somit können wir den Zähigkeitskoeffizienten des atomaren Sauerstoffs, der nach DALGARNO und SMITH [1962]

$$\eta = 3.4 \cdot 10^{-6} \cdot T_n^{0.71} \quad g\ cm^{-1}\ sec^{-1}$$

beträgt, für das gesamte Neutralgas anwenden. Da T_n von der Höhe abhängt, ist auch η höhenabhängig. Andererseits gilt die Navier-Stokes-Gleichung nur für konstantes η. Es läßt sich aber zeigen, daß eine Berücksichtigung der vernachlässigten Terme $(1/\rho_n) \cdot (\partial \eta / \partial z) \cdot (\partial v_{nx,y}/\partial z)$ in (13a) und (13b) zu einer Änderung von v_{nx} und v_{ny} führt, die weniger als 1 % beträgt und somit unerheblich ist.

Die Bewegungsgleichungen (13a) und (13b) werden einen integralen Bestandteil unseres theoretischen Ionosphärenmodells bilden. Horizontale Neutralgaswinde haben einen starken Einfluß auf das Verhalten der Ionosphäre. Unter ihrer Einwirkung wird das Elektronen-Ionen-Gas an den Magnetfeldlinien entlang, abhängig von der Windrichtung, in Gebiete höherer oder niedrigerer chemischer Verluste transportiert, wodurch entsprechend die Elektronen-Ionen-Dichte erniedrigt oder erhöht wird. Andererseits stellt sich über die Reibungskraft (10) eine Abhängigkeit der Windgeschwindigkeit von der Ionendichte ein. Es ist somit erforderlich, die Neutralgas-Bewegungsgleichungen simultan mit den Plasma-Transportgleichungen zu lösen.

Die dritte Neutralgas-Transportgleichung, die wir für unsere Untersuchungen benötigen, ist die Energie- oder Wärmeleitungsgleichung. Sie lautet in allgemeiner Form:

$$\frac{dT_n}{dt} = \frac{L}{n_n C_v} \left\{ Q_p - Q_L - \mathrm{div}\ \underline{q} - p_n \mathrm{div}\ \underline{v}_n + \eta \left[\frac{4}{3} (\mathrm{div}\ \underline{v}_n)^2 - (\mathrm{rot}\ \underline{v}_n)^2 \right] \right\} \qquad (14)$$

Hierin bedeutet L die Loschmidtsche Zahl, C_v die spezifische Wärme pro Mol bei konstantem Volumen, Q_p bzw. Q_L die pro cm^3 und sec produzierte bzw. vernichtete Wärmemenge und $\underline{q}$ den Wärmefluß. Der letzte Term auf der rechten Seite beschreibt den mit der inneren Reibung verbundenen Wärmeumsatz von mechanischer in thermische Energie. Einsetzen typischer Werte zeigt, daß dieser Term vernachlässigbar ist.

Für den Wärmefluß $\underline{q}$ ergibt sich aus den Approximationen erster und zweiter Ordnung der kinetischen Gastheorie

$$\underline{q} = - \varkappa \cdot \mathrm{grad}\ T_n \qquad (15)$$

mit $\varkappa$ der Wärmeleitfähigkeit. Die Wärmeleitfähigkeit für die drei wichtigsten Neutralgase der Thermosphäre, O_2, N_2 und O, beträgt [s. BAUER, 1972]

$$\varkappa(O_2) = 18.6 \cdot T_n^{0.84} \quad erg\ cm^{-1}\ sec^{-1}\ {}^\circ K^{-1}$$

$$\varkappa(N_2) = 27.2 \cdot T_n^{0.80} \quad erg\ cm^{-1}\ sec^{-1}\ {}^\circ K^{-1}$$

$$\varkappa(O) = 67.1 \cdot T_n^{0.71} \quad erg\ cm^{-1}\ sec^{-1}\ {}^\circ K^{-1}$$

Die Kenntnis der Einzel-Leitfähigkeiten reicht nicht aus, um die Gesamt-Leitfähigkeit anzugeben, da diese nicht nur durch Stöße innerhalb derselben Gassorte, sondern ebenso durch wechselseitige Stöße bestimmt wird. Die entsprechenden Wechselwirkungsintegrale sind jedoch nicht bekannt, so daß wir gezwungen sind, $\varkappa$ vereinfacht als den durch die Teilchendichten gewichteten Mittelwert

$$\varkappa = \frac{1}{n_n} \sum_k n_k \varkappa_k \tag{16}$$

anzusetzen.

Wir vernachlässigen wieder Ableitungen nach x und y gegenüber Ableitungen nach z und erhalten nach einigen Umformungen aus (14):

$$\frac{\partial T_n}{\partial t} = - v_{nz} \cdot \frac{\partial T_n}{\partial z} - (\gamma - 1) T_n \frac{\partial v_{nz}}{\partial z} + \frac{L}{n_n C_v} \left\{ Q_p - Q_L + \frac{\partial}{\partial z} \left(\varkappa \frac{\partial T_n}{\partial z} \right) \right\} \tag{17}$$

Hierin ist γ das Verhältnis von C_p zu C_v. Die einzelnen Terme auf der rechten Seite von Gleichung (17) beschreiben in der Reihenfolge ihres Auftretens den Konvektionsanteil, die Umwandlung von Arbeit in Wärme, die Wärmeproduktion durch Absorption von Photo-Energie, den Wärmeverlust durch Strahlung sowie den Wärmeleitungsanteil.

Wir wollen die Wärmeleitungsgleichung (17) in Abschnitt 2.14 anwenden, um im Zusammenhang mit dem Problem der Zusammensetzung des Neutralgases abzuschätzen, welche Temperaturänderungen mit bestimmten Zusammensetzungsänderungen verbunden sind. Dagegen wollen wir die Wärmeleitungsgleichung nicht benutzen, um daraus die globale Temperaturverteilung zu gewinnen. Zwar ist eine numerische Lösung von (17) weder besonders problematisch noch zeitaufwendig, da diese Gleichung eine Integration mit großen Schrittweiten zuläßt, doch ist die Lösung stark abhängig von v_{nz}. Die Vertikalgeschwindigkeit des Neutralgases aber ist nur durch eine dreidimensionale Lösung der Bewegungsgleichungen zusammen mit den Transportgleichungen des Plasmas zu bestimmen, ein Vorhaben, das derzeit nicht praktikabel erscheint. Wir werden daher die Neutralgastemperatur T_n einem empirischen Modell entnehmen, das im nächsten Abschnitt beschrieben wird.

2.13 Das empirische Modell für die Neutralgastemperatur und -dichte

Empirische Modelle der Neutralgasatmosphäre basieren im wesentlichen auf Dichtemessungen mit der Satelliten-Abbrems-Technik. Diese Methode hat den großen Vorteil, daß sie keiner aktiven Experimente bedarf, sondern auf jeden passiven Satelliten zurückgreifen kann, der einen genügend großen Widerstandskoeffizienten besitzt. So liegen heute nahezu kontinuierliche Dichtemessungen für etwa einen Sonnenfleckenzyklus vor.

Um aus einem Dichtemodell weitere Bestimmungsgrößen der Neutralgasatmosphäre wie Temperatur und Einzel-Teilchendichten in Abhängigkeit von der Höhe zu gewinnen, sind gewisse Annahmen und zusätzliche experimentelle Daten erforderlich.

Üblicherweise wird angenommen, daß sich oberhalb von etwa 120 - 125 km Höhe die einzelnen Neutralgasbestandteile im Diffusionsgleichgewicht befinden. Dieses bedeutet, daß jeder Bestandteil für sich der barometrischen Höhenformel

$$n_k(z) = n_k(125) \cdot \frac{T_n(125)}{T_n(z)} \cdot \exp\left(-\int_{125}^{z} \frac{dz}{H_k}\right) \tag{18}$$

genügt. Die Skalenhöhe H_k ist definiert als $kT_n/m_k g$ mit m_k der Teilchenmasse.

Zur praktischen Anwendung von (18) müssen die Teilchendichten $n_k(125)$ bekannt sein. Die von JACCHIA [1971] in seinem Atmosphärenmodell angenommenen Teilchendichten lassen sich mit hoher Genauigkeit approximieren durch

$$\log_{10} n(O_2) = 10.3370 + 1.323 \cdot 10^{-4} (T_\infty - 600) - 1.168 \cdot 10^{-7} (T_\infty - 600)(T_\infty - 1400) \quad (19a)$$

$$\log_{10} n(N_2) = 11.2683 + 9.738 \cdot 10^{-5} (T_\infty - 600) - 8.719 \cdot 10^{-8} (T_\infty - 600)(T_\infty - 1400) \quad (19b)$$

$$\log_{10} n(O) = 10.9814 - 7.875 \cdot 10^{-6} (T_\infty - 600) + 9.375 \cdot 10^{-10} (T_\infty - 600)(T_\infty - 1400) \quad (19c)$$

wenn die Teilchendichten in der Einheit cm^{-3} und die exosphärische Temperatur T_∞ in °K gemessen wird. Die durch (19a-c) gegebenen Teilchendichten befinden sich in Übereinstimmung mit neueren experimentellen Daten [von ZAHN, 1970], die mit den Mitteln der Massen- und UV-Spektroskopie gewonnen wurden.

Weiterhin muß in (18) das Temperaturprofil $T_n(z)$ gegeben sein. Nach JACCHIA [1971] ist

$$T_n(z) = T_n(125) + A \cdot \text{arctg} \left\{ 5.429 \cdot 10^{-2} \frac{T_n(125) - 183}{A} \cdot (z - 125) \left[1 + 4.5 \cdot 10^{-6} (z - 125)^{2.5} \right] \right\} \quad (20)$$

$$\text{mit } A = \frac{2}{\pi} (T_\infty - T_n(125))$$

Die funktionale Form von (20) stellt eine gute Näherung theoretischer $T_n(z)$-Verläufe dar [z.B. HARRIS und PRIESTER, 1962]. Nach JACCHIA [1971] besteht ein direkter Zusammenhang zwischen $T_n(125)$ und T_∞, der sich durch folgende analytische Approximation darstellen läßt [KOHL, 1972]:

$$T_n(125) = 369.8 + 5.275 \cdot 10^{-2} \cdot T_\infty - 295.1 \cdot \exp(-2.195 \cdot 10^{-3} \cdot T_\infty) \; [°K] \quad (21)$$

Es muß nun noch die exosphärische Temperatur T_∞ modellmäßig so beschrieben werden, daß die Gleichungen (18) bis (21) zusammengenommen die gemessenen Dichtewerte reproduzieren. In der Angabe eines formelmäßigen Zusammenhanges zwischen T_∞ einerseits und der Tageszeit, der Jahreszeit, den Ortskoordinaten, der solaren sowie der magnetischen Aktivität andererseits liegt das wesentliche Verdienst der Jacchiaschen Arbeit. Dieser Formalismus werde im folgenden kurz beschrieben.

a) T_∞ und solare Aktivität: Die Intensität der solaren UV-Strahlung unterliegt starken Schwankungen, kurzzeitigen sowohl als langzeitigen mit einem elfjährigen Zyklus. Die UV-Intensität ist am Boden nicht meßbar, da eine nahezu vollständige Absorption in der Atmosphäre stattfindet. Es hat sich aber erwiesen, daß die Intensität der 10.7 cm-Radiostrahlung $F_{10.7}$, gemessen in $10^{-22} Wm^{-2} Hz^{-1}$, ein brauchbarer Index für die UV-Intensität ist. Zwischen T_c, dem globalen nächtlichen Minimum der exosphärischen Temperatur, und dem Index der 10.7 cm-Strahlung besteht der Zusammenhang

$$T_c = 379 + 3.24 \, \overline{F}_{10.7} + 1.3 (F_{10.7} - \overline{F}_{10.7}) \; [°K] \quad (22)$$

Hierin ist $\overline{F}_{10.7}$ der dreimonatige Mittelwert von $F_{10.7}$.

b) T_∞ und Tageszeit: Für einen gegebenen Ort lassen sich das Tagesmaximum und das Nachtminimum der exosphärischen Temperatur, T_D und T_N, ausdrücken durch

$$T_D = T_c (1 + 0.3 \cdot \cos^{2.2} \eta) \tag{23a}$$

$$T_N = T_c (1 + 0.3 \cdot \sin^{2.2} \theta) \tag{23b}$$

Es bedeuten

$\eta = 0.5 \, |\varphi - \delta|$

$\theta = 0.5 \, |\varphi + \delta|$

φ = geographische Breite (positiv auf der nördlichen Halbkugel)

δ = Deklination der Sonne ($-23.5° \leq \delta \leq 23.5°$)

Aus T_D und T_N ergibt sich für die wahre Ortszeit t (gemessen in Stunden vom oberen Kulminationspunkt der Sonne) die exosphärische Temperatur

$$T_\infty = T_N \left(1 + \frac{T_D - T_N}{T_N} \cdot \cos^3 \frac{\tau'}{2}\right), \quad -\pi < \tau' < \pi \tag{24}$$

mit $\quad \tau' = 15° \cdot t - 37° + 6° \cdot \sin(15° \cdot t + 43°)$

c) T_∞ und Jahreszeit: Die Jahreszeitabhängigkeit von T_∞ ist in (23a, b) enthalten, da δ gemäß

$$\delta = \arcsin \left\{ \sin 23.45° \cdot \sin \left[\frac{2\pi}{365} \cdot (d - 80)\right] \right\} \tag{25}$$

von d, der Zahl der Tage seit Jahresbeginn, abhängt. Ebenso ist in (23a, b) die Abhängigkeit vom geographischen Ort enthalten.

d) T_∞ und magnetische Aktivität: Während magnetischer Störungen erhöht sich die exosphärische Temperatur, und zwar bevorzugt in hohen Breiten. Hierbei zeigt sich im Mittel über eine große Beobachtungsserie folgender Zusammenhang zwischen ΔT_∞ und der dreistündlichen planetarischen erdmagnetischen Kennziffer K_p:

$$\Delta T_\infty = (21.4 \, |\sin\varphi| + 17.9) \cdot \overline{K}_p + 0.03 \exp(\overline{K}_p) \; [°K] \tag{26}$$

Hierin ist $\overline{K}_p$ der Mittelwert von K_p über einen Zeitraum von etwa 10 Stunden vor dem Beobachtungszeitpunkt.

Zusätzlich zu den Variationen der Gesamtdichte ρ_n, die sich durch die exosphärische Temperatur T_∞ beschreiben lassen, enthält das Jacchia-Modell eine halbjährige Dichtevariation, die sich bisher weder einer Temperatur- noch einer Zusammensetzungsänderung zuschreiben ließ. Sie läßt sich ausdrücken durch

$$\Delta \log_{10} \rho_n = f(z) \cdot g(t) \tag{27a}$$

$$f(z) = (5.876 \cdot 10^{-7} \cdot z^{2.331} + 0.06328) \cdot \exp(-2.868 \cdot 10^{-3} z) \tag{27b}$$

$$g(t) = 0.02835 + 0.3817 \, [1 + 0.4671 \sin(2\pi \tau'' + 4.137)] \sin(4\pi \tau'' + 4.259) \tag{27c}$$

mit z der Höhe vom Erdboden in km und

$$\tau '' = \frac{d}{365} + 0.09544 \left\{ \left[0.5 + 0.5 \sin(2\pi \frac{d}{365} + 6.035) \right]^{1.650} - 0.5 \right\}$$

Das hier skizzierte Neutralgasmodell und seine Vorläufer haben sich in den vergangenen Jahren als nützliche Hilfsmittel bei der theoretischen Beschreibung der Ionosphäre und des thermosphärischen Windsystems erwiesen. Dabei wurden gleichzeitig seine Mängel offenbar. Die wesentliche Schwäche des Jacchiaschen Modells liegt darin, daß es auf nahezu konstanten Randwerten in 125 km Höhe basiert. Tatsächlich ist mit großer Sicherheit anzunehmen, daß die Neutralgaszusammensetzung in der unteren Thermosphäre starken jahreszeitlichen Variationen unterliegt [HEDIN et al., 1972; RÜSTER, 1972; BOTHE, 1972]. Wir können daher nicht erwarten, daß wir mit Hilfe dieses Modells eine befriedigende Übereinstimmung zwischen theoretischen und experimentellen Bestimmungsgrößen der Ionosphäre erhalten. Im nächsten Abschnitt wollen wir den Versuch unternehmen, durch eine theoretische Beschreibung der Neutralgaszusammensetzung und ihrer Veränderungen zu einer Verbesserung des Atmosphärenmodells zu gelangen.

2.14 Die Zusammensetzung des Neutralgases

Die Ionendichte der F-Schicht, die nahezu identisch mit der O^+-Dichte ist, hängt stark von der Zusammensetzung der Neutralgasatmosphäre ab. Eine Erhöhung der O-Dichte führt zu einer Erhöhung der O^+-Produktion und einer Verminderung der abwärts gerichteten Diffusionsgeschwindigkeit. Durch beide Wirkungen wird die O^+-Dichte erhöht. Eine Erhöhung der O_2- und N_2-Dichten dagegen ergibt primär eine Zunahme der chemischen Verluste für O^+ und hat somit eine Erniedrigung der O^+-Dichte zur Folge. Die Abbildungen 1 - 3 zeigen den Einfluß von Änderungen der Neutralgas-Teilchendichten in 125 km auf die Ionendichten, die Elektronendichte und die Elektronentemperatur im Höhenbereich 125 - 400 km. Die physikalischen Annahmen, die den gezeigten Ergebnissen zugrunde liegen, werden in Abschnitt 2.2 beschrieben.

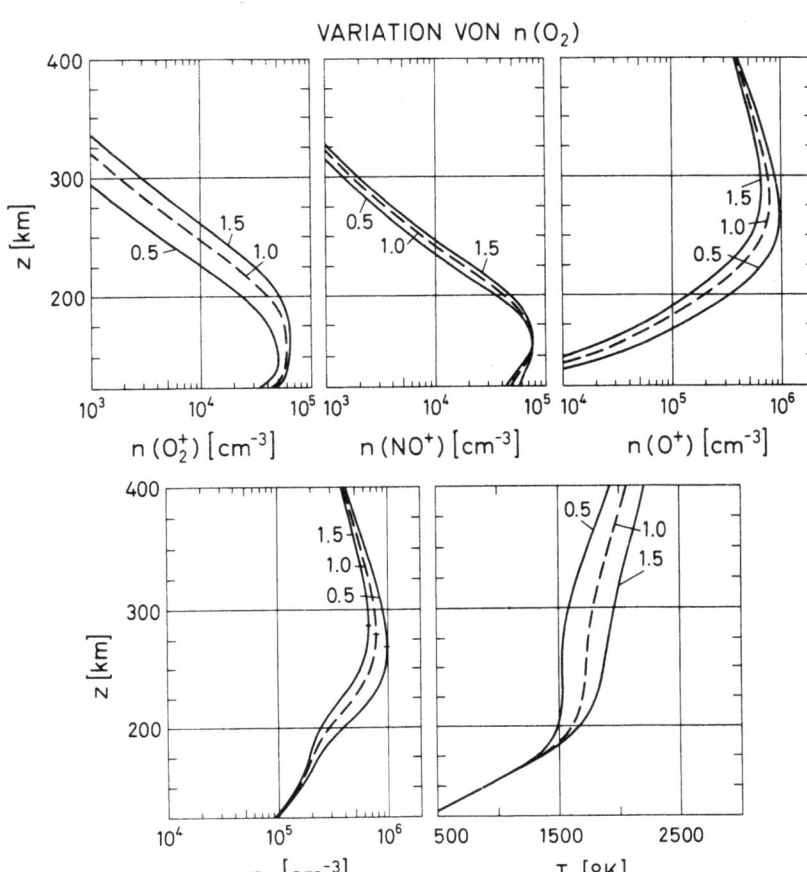

Abb. 1: Einfluß einer Variation der O_2-Teilchenzahldichte in 125 km Höhe auf die O_2^+-, NO^+-, O^+- und Elektronen-Teilchenzahldichten sowie die Elektronentemperatur im Höhenbereich 125-400 km. Die jeweils drei Kurven werden durch Faktoren unterschieden, mit denen die in Gleichung (19) gegebene O_2-Teilchenzahldichte zu multiplizieren ist.

Wir ersehen aus den Abbildungen 1 - 3, daß Änderungen der Neutralgas-Teilchendichten starke Änderungen der ionosphärischen Bestimmungsgrößen zur Folge haben können, insbesondere dann, wenn sie in O einerseits und O_2, N_2 andererseits gegenläufig sind. Die Neutralgas-Teil-

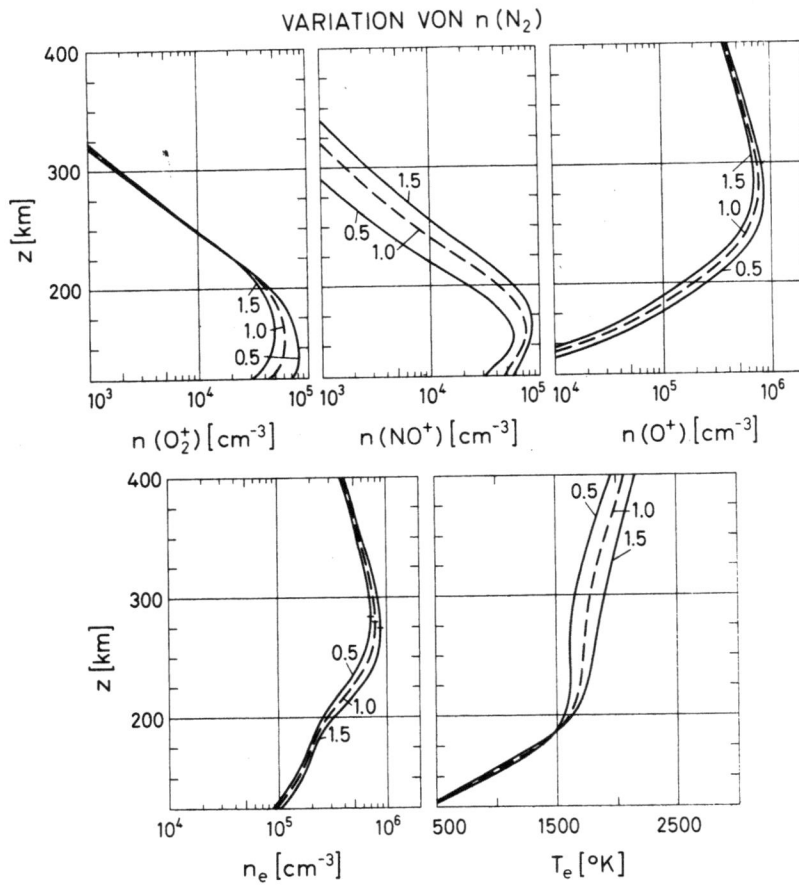

Abb. 2: Wie Abb. 1, jedoch für eine Variation der N_2-Teilchenzahldichte.

chendichten in der unteren Thermosphäre werden durch folgende Prozesse bzw. Parameter bestimmt:

1. Das horizontale Windsystem der Thermosphäre ist nicht divergenzfrei und wirkt daher an einem gegebenen Ortspunkt als Quelle oder Senke der Neutralgasdichte. Die dadurch verursachte Störung des barometrischen Gleichgewichtes erzeugt eine Vertikalgeschwindigkeit, deren Verlauf sich so einstellt, daß die Gesamtdivergenz vermindert wird. In Höhen oberhalb von etwa 110 km läßt sich der vertikale Bewegungsvorgang durch molekulare Diffusion beschreiben; darunter gewinnt zunehmend turbulente Diffusion (Eddy-Diffusion) an Bedeutung. Da die Vertikalgeschwindigkeiten für die einzelnen Neutralgasbestandteile verschieden sind, stellt sich unter ihrer Wirkung eine veränderte Neutralgaszusammensetzung ein.

2. Die einfallende UV-Strahlung im Wellenlängenbereich 1300 - 2000 Å führt zu einer Produktion atomaren Sauerstoffs durch Photodissoziation molekularen Sauerstoffs. Eine Erhöhung der UV-Intensität hat somit eine Erhöhung der O-Konzentration und eine Verminderung der O_2-Konzentration zur Folge.

3. In der oberen Mesosphäre bzw. unteren Thermosphäre ($z \approx 80$ km) ist O ein Spurenbestandteil. Die Hauptbestandteile sind O_2 und N_2. Infolge turbulenter Diffusion ist das Verhältnis $n(O_2)/n(N_2)$ in 80 km Höhe gleich dem am Erdboden, also etwa 1:4. Die Gesamtdichte ρ_n in $z = 80$ km legt demnach die Teilchendichten von O_2 und N_2 in der Thermosphäre fest. Nach CIRA 65 ist in mittleren Breiten mit einer jahreszeitlichen Variation der Dichte $\rho_n(80)$ von etwa $\pm 20\%$ mit einem Maximum im Sommer zu rechnen. Zu höheren bzw. niedrigeren Breiten hin wird die jahreszeitliche Dichtevariation stärker bzw. schwächer.

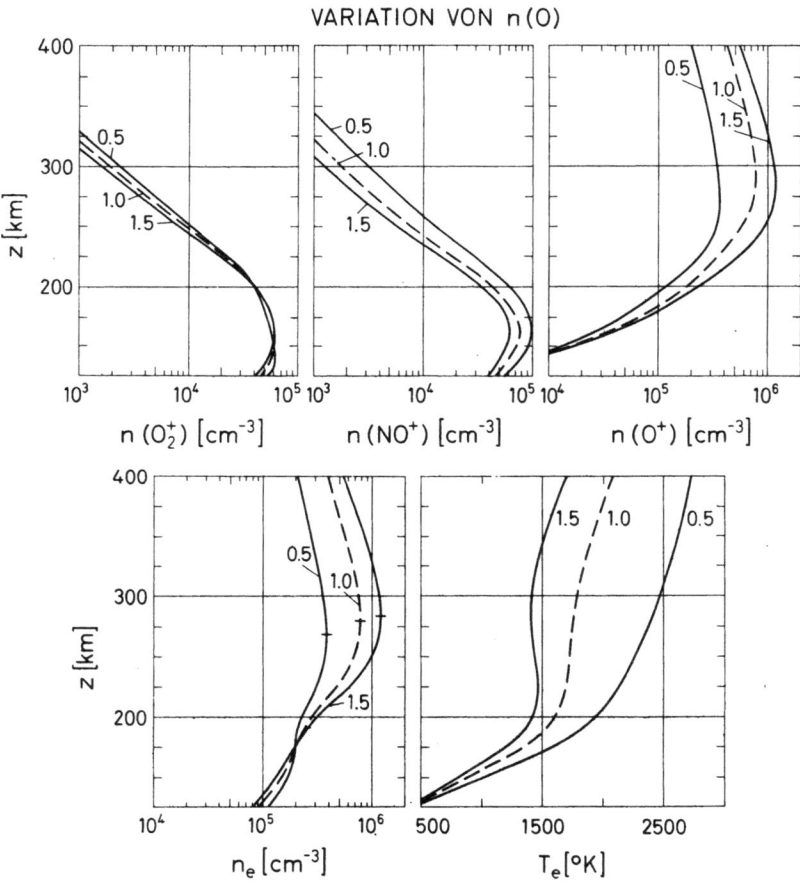

Abb. 3: Wie Abb. 1, jedoch für eine Variation der O-Teilchenzahldichte.

4. Der Abfall der Teilchendichten $n(O_2)$ und $n(N_2)$ oberhalb von 80 km ist um so stärker, je niedriger die Temperatur. Da die Neutralgas-Skalenhöhe in der unteren Thermosphäre sehr klein ($\approx$ 6 km) ist, können Temperaturänderungen die Teilchendichten in der Thermosphäre wirksam beeinflussen. Nach CIRA 65 beträgt die jahreszeitliche Variation von $T_n(80)$ in mittleren Breiten etwa $\pm 30°K$ mit einem Maximum im Winter. Auch die jahreszeitliche Variation von $T_n(80)$ ist in höheren Breiten größer als in niedrigen.

Für eine quantitative Beschreibung der Neutralgaszusammensetzung ist es erforderlich, die gekoppelten Kontinuitätsgleichungen und Bewegungsgleichungen für die Vertikalgeschwindigkeiten der Bestandteile O_2, N_2 und O zu lösen. Um die Kontinuität der Darstellung zu wahren, sollen die Aufstellung und Lösung dieses Gleichungssystems im Anhang A diskutiert werden.

Die Gleichgewichts-Einstellzeiten der Lösungen betragen einige Tage. Bei Anwendung auf das Problem der jahreszeitlichen Änderung der Neutralgaszusammensetzung ist es daher statthaft, den stationären Fall ($\partial/\partial t = 0$) zu betrachten.

Wir legen den Lösungen die folgenden Annahmen zugrunde:

1. Die Divergenz des horizontalen Flusses wird einer Divergenz des horizontalen Windes zugeschrieben. Diese wird gemäß (12) durch die zeitliche Änderung der Horizontalgeschwindigkeit d in der Einheit m sec^{-1}/hr (Änderung der Geschwindigkeit in m/sec innerhalb einer Stunde) ausgedrückt.

$$\text{div } \underline{F}_{\text{hor.}} = n_k (cm^{-3}) \frac{f(\varphi)}{36} d(m \text{ sec}^{-1}/hr) \qquad (28a)$$

Diese Beziehung bedeutet nicht, daß nur der Beitrag der West-Ost-Geschwindigkeit berücksichtigt wird. Ihr Sinn liegt vielmehr darin, die Horizontaldivergenz durch eine der Anschauung leicht zugängliche Größe anzugeben. Im Rahmen einer stationären Lösung stellt d einen Tagesmittelwert dar. Experimentell bestimmte Werte für d, zumal für verschiedene geographische Breiten und Jahreszeiten, liegen nicht vor. Um die Höhenabhängigkeit von d zu beschreiben, sind wir daher auf Annahmen angewiesen. Wir können näherungsweise davon ausgehen, daß die mittlere Winddivergenz etwa proportional zur mittleren Windgeschwindigkeit sein wird, und wir wissen, daß in der unteren Thermosphäre die Windgeschwindigkeit etwa um den Faktor 2 bis 5 kleiner ist als in der oberen Thermosphäre [ROSE et al., 1972; KOHL, 1972]. Es sollte daher das d-Profil Ähnlichkeiten mit dem T_n-Profil aufweisen, so daß wir ansetzen wollen:

$$d(z) = \frac{T_n(z)}{T_\infty} \cdot d_\infty \qquad (28b)$$

Wir werden später untersuchen, wie weitgehend sich die spezielle Form von d(z) in den Ergebnissen widerspiegelt.

2. Die Produktionsrate des atomaren Sauerstoffs durch Photodissoziation des molekularen Sauerstoffs wird durch eine analytische Approximation der von COLEGROVE et al. [1965] für niedrige Sonnenaktivität angegebenen Ergebnisse dargestellt. Zur Simulation der Abhängigkeit von der Sonnenaktivität und dem Sonnenstandswinkel wird die Produktionsfunktion mit einem geeignet gewählten Faktor p multipliziert.

3. Die Teilchendichten für O_2 und N_2 in 80 km Höhe, dem unteren Integrationsrand, werden aus $\rho_n(80)$ durch Aufteilung im Verhältnis 0.21/0.79 gewonnen.

4. Das Temperaturprofil $T_n(z)$ wird folgendermaßen approximiert: Für z > 80 km wird die Temperatur bis zu der Höhe als konstant angenommen, in der $T_n(80)$ gleich der durch Gleichung (20) gegebenen Temperatur wird. Darüber wird $T_n(z)$ durch Gleichung (20) beschrieben. Dieser Temperaturverlauf befindet sich in befriedigender Übereinstimmung mit den in der U.S. Standard Atmosphere (1966) angegebenen Profilen.

Wir haben damit fünf Parameter, durch deren Variation die Neutralgaszusammensetzung zu beeinflussen ist, nämlich d_∞, p, $\rho_n(80)$, $T_n(80)$ und T_∞. Unsere erste Aufgabe besteht darin, im Rahmen vernünftiger Grenzen Standardwerte dieser Parameter festzulegen, durch die in 125 km Höhe, der Untergrenze des in 2.13 beschriebenen Neutralgasmodells, die durch Gleichung (19) gegebenen Teilchendichten reproduziert werden. Es zeigt sich, daß es nicht möglich ist, eine Parameterzusammenstellung zu wählen, durch die $n(O_2)$ und $n(O)$ gleichzeitig richtig wiedergegeben werden. Da in der Literatur Übereinstimmung über die O_2-Teilchendichten besteht, während die O-Teilchendichten kontrovers sind [von ZAHN, 1970; NIER, 1972], wollen wir N_2 und O_2 anpassen, während wir für O eine Abweichung von (19c) hinnehmen müssen. Für die folgenden "Standardwerte" der fünf freien Parameter,

$$\begin{aligned}
d_\infty^{(o)} &= 5 \text{ m sec}^{-1}/hr \\
p^{(o)} &= 1.5 \\
\rho_n^{(o)}(80) &= 1.9 \cdot 10^{-8} \text{ g cm}^{-3} \\
T_n^{(o)}(80) &= 196 \text{ °K} \\
T_\infty^{(o)} &= 1000 \text{ °K},
\end{aligned} \qquad (29)$$

ergeben sich die Teilchendichten

$$n(O_2) = 2.33 \cdot 10^{10} \text{ cm}^{-3}$$
$$n(N_2) = 2.40 \cdot 10^{11} \text{ cm}^{-3} \quad (30)$$
$$n(O) = 5.78 \cdot 10^{10} \text{ cm}^{-3}$$

in 125 km Höhe. Zum Vergleich liefern die Gleichungen (19a - c) die Werte $2.56 \cdot 10^{10}$, $2.10 \cdot 10^{11}$ und $9.51 \cdot 10^{10}$. Nach dem alten Jacchia-Modell (1965) ist $n(O) = 4.88 \cdot 10^{10} \text{ cm}^{-3}$. Die O_2- und N_2-Teilchendichten nach (30) stimmen bis auf etwa ± 10 % mit denen nach JACCHIA [1971] überein, während die O-Teilchendichte zwischen den Werten des alten und neuen Jacchia-Modells liegt.

Auf Grund des approximativen Charakters der Annahmen 1 - 4, insbesondere der Annahme 1, wollen wir uns im folgenden nicht mit den Absolutwerten der Teilchendichten befassen, sondern nur mit deren relativen Variationen. Zu diesem Zweck definieren wir eine Größe δn_k durch

$$\delta n_k = \frac{n_k}{n_k^{(o)}} \text{ für } z = 125 \text{ km}, \quad (31a)$$

wo n_k die aus der Lösung der Kontinuitäts- und Bewegungsgleichungen folgenden Teilchendichten sind und $n_k^{(o)}$ nach (30) einen mittleren Wert darstellt, der einem Jahresmittel bei mittlerer Sonnenaktivität ($F_{10.7} \approx 150$) in mittleren Breiten ($\varphi \approx 45°$) entspricht. Entsprechend definieren wir ein δp als

$$\delta p = \frac{p}{p^{(o)}} \quad (31b)$$

Um die Ergebnisse weiter zu relativieren, wollen wir die δn_k nicht durch die Variationen der fünf Parameter ausdrücken, sondern lediglich einen funktionalen Zusammenhang zwischen $\delta n(O_2)$, $\delta n(N_2)$ einerseits und $\delta n(O)$ andererseits herstellen. Auf diese Weise behalten wir zwar einen nicht determinierten freien Parameter, nämlich $\delta n(O)$, zurück, wir erreichen aber, daß die Ergebnisse weitgehend von speziellen Annahmen unabhängig werden. Unsere Untersuchungen dienen damit dem Zweck, drei freie Parameter, die Teilchendichten $n(O_2)$, $n(N_2)$ und $n(O)$, auf einen freien Parameter zurückzuführen. Diesen wollen wir später so anpassen, daß die Gesamtdichte des Jacchia-Modells und die vorliegenden ionosphärischen Messungen gleichzeitig reproduziert werden.

Abbildung 4 (linke Hälfte) zeigt die relativen Variationen der Teilchendichten $\delta_d n_k$ in Abhängigkeit von d. Der Index d deutet an, daß die Variationen δn_k ausschließlich auf eine Variation von d zurückgehen, während die anderen vier Parameter auf ihren Standardwerten festgehalten werden. Die rechte Hälfte von Abb. 4 stellt $\delta_d n(O_2)$ und $\delta_d n(N_2)$ als Funktion von $\delta_d n(O)$ dar. Diese Abhängigkeit läßt sich mit hoher Genauigkeit approximieren durch

$$\delta_d n(O_2) = 1 - 0.91 (\delta_d n(O) - 1) + 0.46 (\delta_d n(O) - 1)^2 \quad (32a)$$

$$\delta_d n(N_2) = 1 + 0.23 (\delta_d n(O) - 1) - 0.07 (\delta_d n(O) - 1)^2 \quad (32b)$$

In Abbildung 5 sind die Variationen $\delta_p n_k$ in Abhängigkeit von δp dargestellt. $\delta_p n(O)$ läßt sich beschreiben als

$$\delta_p n(O) = 1 + 0.83 (\delta p - 1) - 0.13 (\delta p - 1)^2 \quad (33)$$

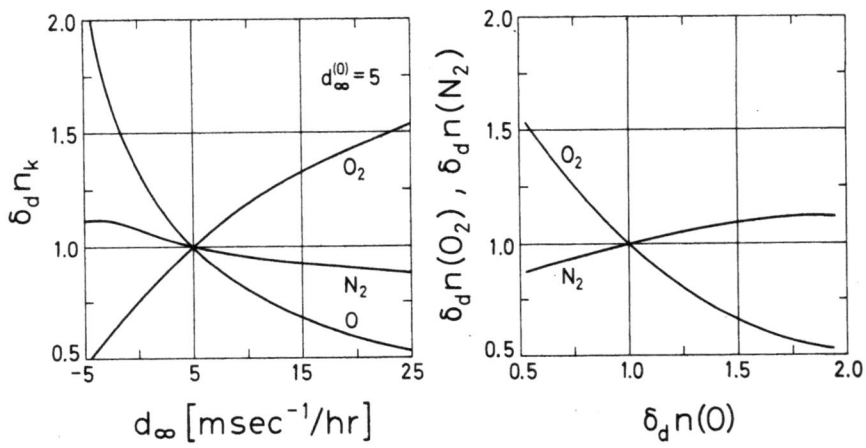

Abb. 4: Links: $\delta_d n_k$ für O_2, N_2 und O in Abhängigkeit von d_∞, dem exosphärischen Teil des Winddivergenz-Parameters d.
Rechts: $\delta_d n(O_2)$ und $\delta_d n(N_2)$ in Abhängigkeit von $\delta_d n(O)$.

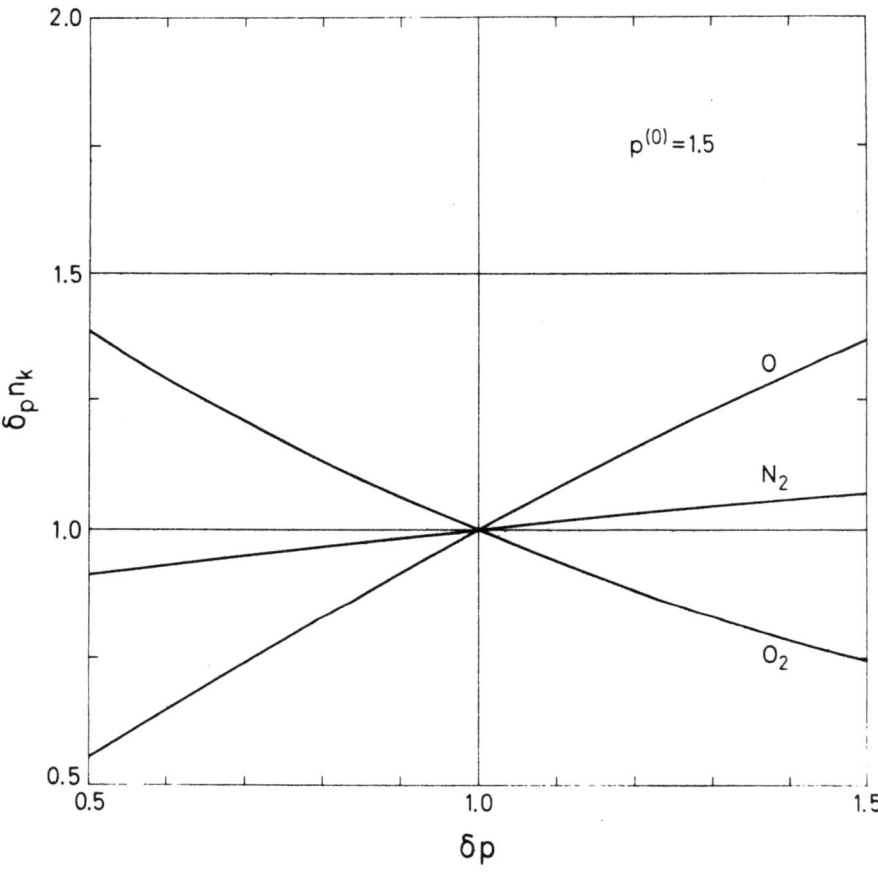

Abb. 5: $\delta_p n_k$ für O_2, N_2 und O in Abhängigkeit von δp. p ist der Produktionsparameter des atomaren Sauerstoffs.

Eine getrennte Variation von d_∞ und p läßt keine realistische Beschreibung der jahreszeitlichen Änderung der Neutralgaszusammensetzung zu. Abbildung 6 zeigt $\delta n(O)$ bei gleichzeitiger Variation von d_∞ und p. Aus den Ergebnissen folgt, daß $\delta_{dp} n(O)$ sich separieren läßt in

$$\delta_{dp} n(O) = \delta_d n(O) \cdot \delta_p n(O) \tag{34}$$

Unser nächstes Ziel ist es, $\delta_{dp} n(O_2)$ und $\delta_{dp} n(N_2)$ durch $\delta_{dp} n(O)$ auszudrücken. Wie wir Abbildung 7 entnehmen, ist dieses nicht exakt möglich, da neben einer ausgeprägten Abhängigkeit von $\delta_{dp} n(O)$ eine sekundäre Abhängigkeit von δp besteht. Im Rahmen "vernünftiger" Werte für $\delta_{dp} n(O)$, etwa im Bereich 2/3 bis 3/2, läßt sich jedoch näherungsweise die Abhängigkeit von δp vernachlässigen. In diesem Fall bleibt die funktionale Form von (32a, b) erhalten, und es gilt:

$$\delta_{dp} n(O_2) \approx 1 - 0.91 \, (\delta_{dp} n(O) - 1) + 0.46 \, (\delta_{dp} n(O) - 1)^2 \tag{35a}$$

$$\delta_{dp} n(N_2) \approx 1 + 0.23 \, (\delta_{dp} n(O) - 1) - 0.07 \, (\delta_{dp} n(O) - 1)^2 \tag{35b}$$

Wie die Abbildungen 4 und 5 zeigen, wirken Variationen von d und p in der gleichen Weise: Sie führen zu gegenläufigen, im Betrag etwa gleich starken Änderungen der Teilchendichten $n(O_2)$ und $n(O)$ und zu einer im Vergleich dazu geringen Änderung von $n(N_2)$, die im gleichen Sinne wie die von $n(O)$ verläuft. Wir verfügen damit über zwei Mechanismen, die wirksam das Verhalten der oberen Ionosphäre beeinflussen können (s. Abb. 1 - 3).

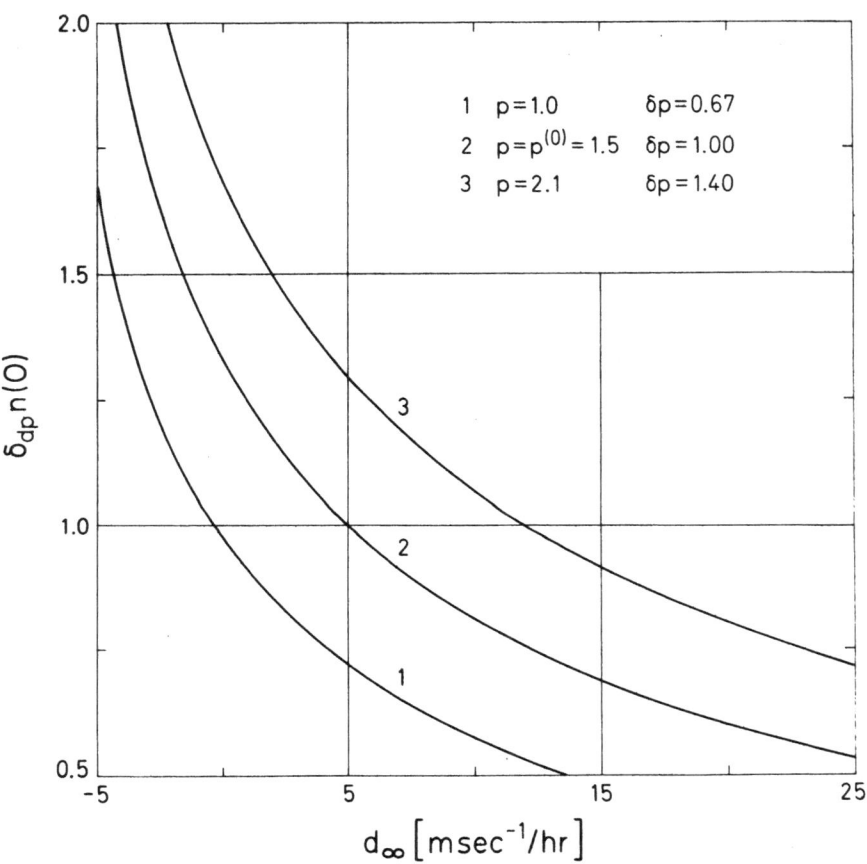

Abb. 6: $\delta_{dp} n(O)$ in Abhängigkeit von d_∞ für drei p-Werte.

Im Gegensatz dazu erzielt man durch Variationen der "Modellparameter" $T_n(80)$, $\rho_n(80)$ und T_∞ gleichläufige Änderungen der drei Teilchendichten, die für O_2 und N_2 wesentlich stärker sind als für O. Dieses ist in Abbildung 8 dargestellt. Die Temperatur $T_n(80)$ hat im Sommer ein Minimum (CIRA 65),

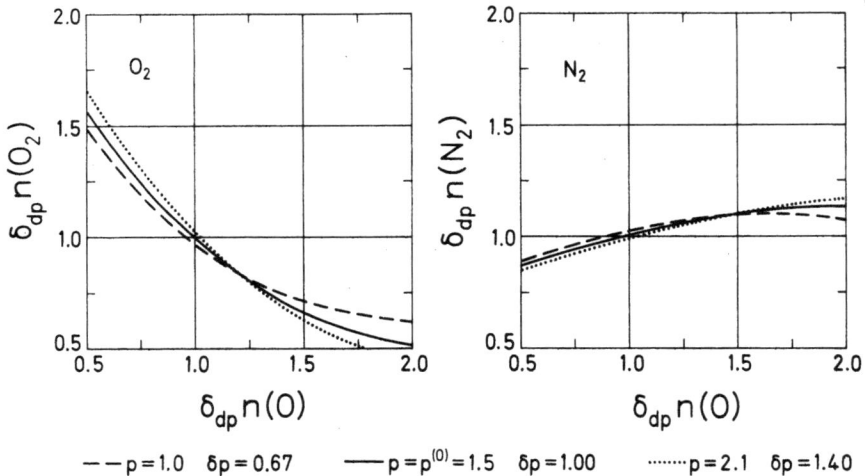

Abb. 7: $\delta_{dp}n(O_2)$ (links) und $\delta_{dp}n(N_2)$ (rechts) in Abhängigkeit von $\delta_{dp}n(O)$ für jeweils drei p-Werte.

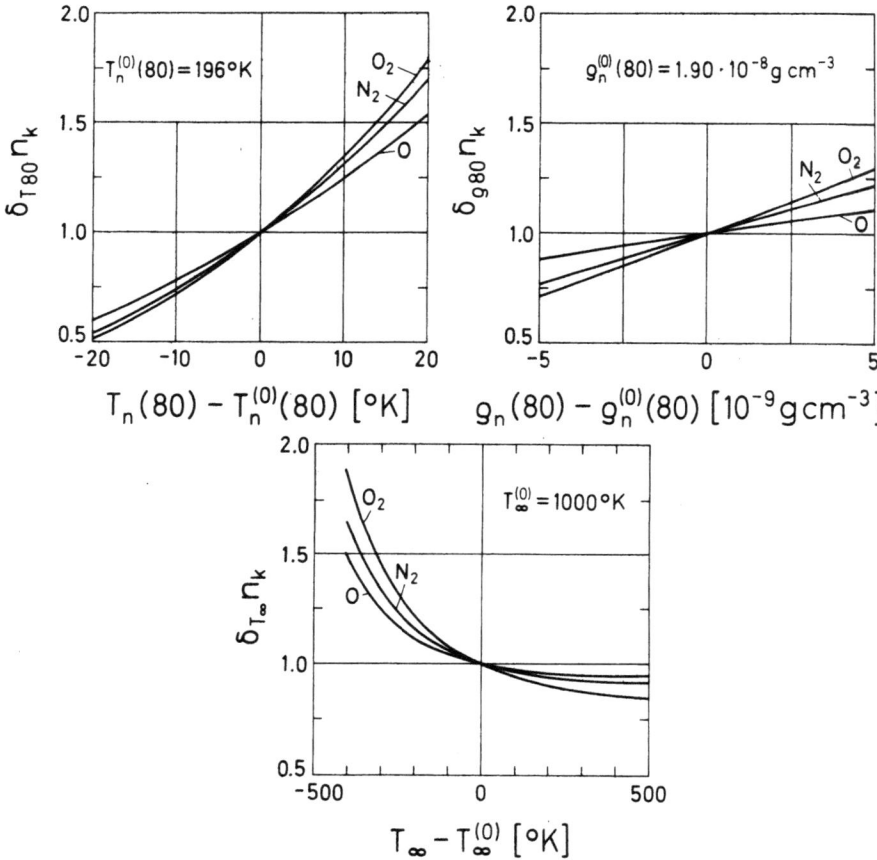

Abb. 8: δn_k in Abhängigkeit von $T_n(80)$ (oben links), $\rho_n(80)$ (oben rechts) und T_∞ (unten).

T_∞ hat zur gleichen Zeit ein Maximum [HEDIN et al., 1972]. Hierdurch werden die Teilchendichten $n_k(125)$ im Sommer kleiner als im Winter. Andererseits hat nach CIRA 65 die Dichte $\rho_n(80)$ im Sommer ein Maximum, wodurch die $n_k(125)$ im Sommer größer werden als im Winter. Die bestehenden Modelle der unteren Thermosphäre sind nicht genau genug, um die Vorhersage zu gestatten, welche der beiden gegenläufigen Variationen überwiegen wird. Der wesentliche Effekt einer Modellparameter-Variation besteht in einer Änderung der Gesamtdichte. Nach CHAMPION [1967] ist die Dichte in 120 km Höhe im Winter um etwa 60% größer als im Sommer. Diese Aussage hat jedoch spekulativen Charakter, da sie sich im wesentlichen auf Messungen unterhalb von 100 km stützt. Nach WALDTEUFEL [1970] ist $n(N_2)$ und damit die Gesamtdichte in 100 km Höhe im Winter um 50% höher als im Sommer, während in 120 km Höhe die entsprechende Änderung nur etwa 3% beträgt. Wir können daher davon ausgehen, daß die Dichte in der von uns gewählten Referenzhöhe z = 125 km nahezu unabhängig von der Jahreszeit ist. Das bedeutet, daß wir uns auf Variationen der Parameter d_∞ und p beschränken können und somit Modifikationen des Jacchiaschen Modells im Rahmen der durch (32) bis (35) gegebenen Beziehungen durchzuführen haben.

Änderungen der Zusammensetzung sind so vorzunehmen, daß in der oberen Thermosphäre die Gesamtdichte des Jacchia-Modells, die unmittelbar auf Messungen basiert, erhalten bleibt. Nun führt aber jede Änderung der O-Teilchendichte in Höhen oberhalb von 250 km unmittelbar zu einer entsprechenden Dichteänderung, da O dort der dominierende Bestandteil ist. Um dennoch die Dichte zu erhalten, müssen wir eine gegenläufige Änderung der exosphärischen Temperatur zulassen. Da n(O) im Winter höher sein sollte als im Sommer [RÜSTER, 1972; WALDTEUFEL, 1970; DUNCAN, 1969], bedeutet dieses, daß T_∞ im Winter kleiner und im Sommer größer sein müßte als nach JACCHIA [1971]. Diese Schlußfolgerung befindet sich in Übereinstimmung mit den Ergebnissen von HEDIN et al. [1972], nach denen die jahreszeitliche Variation von T_∞ wesentlich größer als nach dem Jacchia-Modell sein sollte.

Als Bezugshöhe für die Anpassung der Dichte an die des Jacchiaschen Modells wählen wir 350 km. Maßgeblich für diese Wahl sind zwei Gründe. Zum einen ist diese Höhe noch niedrig genug, um genaue Dichtemessungen mit der Satelliten-Abbremstechnik zu gestatten, zum anderen ist sie bereits hoch genug, um den Einfluß der Variationen von $n(O_2)$ und $n(N_2)$ auf Variationen der Dichte ρ_n vernachlässigen zu können, da $n(O) \gg n(O_2), n(N_2)$ ist. Hierdurch werden die folgenden Betrachtungen wesentlich vereinfacht.

Die Dichte $\rho_n(350)$ des Jacchia-Modells läßt sich in Abhängigkeit von T_∞, der exosphärischen Temperatur, durch den Ausdruck

$$\log_{10} \rho_n(350) = -13.76 + 4.36 \cdot 10^{-4}(T_\infty - 1000) - 0.28 \cdot \exp\{-3.34 \cdot 10^{-3}(T_\infty - 1000)\} \qquad (36)$$

approximieren, wenn ρ_n in der Einheit $g\,cm^{-3}$ und T_∞ in °K gemessen wird. Hinzu kommt nach (27a) eine halbjährige Dichtevariation, die sich nicht in Beziehung zu T_∞ setzen läßt. Die durch Gleichung (27b) gegebene Größe f(z) nimmt für z = 350 km den Wert 0.207 an. In der durch (31) definierten Notation können wir (27a) schreiben als

$$\delta_s \rho_n(350) = 10^{0.207 \cdot g(t)} \qquad (37)$$

Der Index s steht für "semi-annual". Die durch Gleichung (27c) gegebene Funktion g(t) hat zwei Maxima von 0.360 bzw. 0.478 im Frühling bzw. Herbst und zwei Minima von -0.188 bzw. -0.522 im Winter bzw. Sommer. Die entsprechenden Werte für $\delta_s \rho_n(350)$ sind in der gleichen Reihenfolge 1.19, 1.26, 0.91 und 0.78. Da die halbjährige Dichtevariation $\delta_s \rho_n(350)$ nicht durch eine Änderung der exosphärischen Temperatur beschrieben werden kann, muß sie einer entsprechenden Variation der Teilchendichte des Hauptbestandteils O, $\delta_{dp} n(O)$, zugeschrieben werden. Gemäß Gleichung (35a) ändern sich n(O) und $n(O_2)$ gegenläufig, so daß als Folge der Beziehung (37) und ihrer physikalischen Interpretation das Verhältnis $n(O)/n(O_2)$ in den Äquinoktien Maxima besitzt. Diese Folgerung wird durch Raketenmessungen der Neutralgaszusammensetzung sowie durch Windmessungen bestätigt [MAYR und MAHAJAN, 1971; MAYR und VOLLAND, 1971].

Es ergeben sich somit im Rahmen des entworfenen Konzeptes die folgenden Vorschriften für die Konstruktion eines modifizierten Neutralgasmodells oberhalb von 125 km.

1. Die Unbekannte $\delta_{dp}n(O)$ wird aus ionosphärischen Meßdaten, die durch Radiosondierung vom Boden aus gewonnen werden, bestimmt. Diese Bestimmung kann nur iterativ geschehen, indem durch schrittweise Veränderung von $\delta_{dp}n(O)$ eine Anpassung der theoretisch ermittelten ionosphärischen Bestimmungsgrößen (s. Abschnitt 2.2) an die experimentell ermittelten vorgenommen wird. Am Anfang des Iterationsprozesses steht die möglichst sinnvolle, letztlich aber willkürliche Vorgabe eines Wertes für $\delta_{dp}n(O)$.

2. Nach (35a, b) werden hieraus die zugehörigen Werte für $\delta_{dp}n(O_2)$ und $\delta_{dp}n(N_2)$ bestimmt.

3. Es werden $\delta_{dp}n(O)$ und $\delta_s \rho_n(350)$ verglichen. Stimmen sie nicht überein, muß T_∞ so variiert werden, daß die Gesamtdichte des Jacchia-Modells erhalten bleibt. Der durch die exosphärische Temperatur darstellbare Anteil der Gesamtdichte ist durch Gleichung (36) gegeben. Die exosphärische Temperatur in Abhängigkeit von der Tageszeit ist nach (24) durch das Nachtminimum T_N und das Tagesmaximum T_D bestimmt. Aus (36) folgt, daß zur Aufrechterhaltung der Dichte $\rho_n(350)$ die Temperaturen T_N und T_D um ΔT_N bzw. ΔT_D gemäß

$$\Delta T_{N,D} \approx \log_{10}(\delta_s \rho_n(350)/\delta_{dp}n(O)) \cdot [4.36 \cdot 10^{-4} + 9.35 \cdot 10^{-4} \exp\{-3.34 \cdot 10^{-3}(T_{N,D} - 1000)\}]^{-1} \quad (38)$$

geändert werden müssen. Gleichung (38) ist bei $T_{N,D} = 1000°$ für $\Delta T_{N,D} < 200°$ (bzw. $100°$) genauer als 10 % (bzw. 3 %).

4. Die Schritte 2 und 3 werden mit neuen Werten für $\delta_{dp}n(O)$ wiederholt, bis eine hinreichende Übereinstimmung zwischen den theoretisch und experimentell ermittelten ionosphärischen Bestimmungsgrößen herbeigeführt ist.

Dieser Prozedur folgend, werden wir in Abschnitt 3 aus der großen Zahl der vorliegenden ionosphärischen Messungen ein modifiziertes Neutralgasmodell herleiten, das einerseits unter Benutzung des Jacchiaschen Formalismus die Neutralgasdichte richtig beschreibt, andererseits aber zu realistischeren Aussagen über die Neutralgaszusammensetzung und die jahreszeitliche Variation der Neutralgastemperatur kommt als das originale Jacchia-Modell.

Wir müssen nun noch untersuchen, wie stark der durch (32a, b) gegebene Zusammenhang zwischen $\delta_d n(O_2)$, $\delta_d n(N_2)$ und $\delta_d n(O)$ von der speziellen Form des Winddivergenz-Profils (Gleichung (28b)) abhängt. Hierzu verallgemeinern wir (28b) zu

$$d(z) = d_\infty \cdot \left(\frac{T_n(z)}{T_\infty}\right)^n. \quad (39)$$

Für n = 1 sind (28b) und (39) identisch. Abbildung 9 (oberer Teil) zeigt $\delta_d n(O_2)$ und $\delta_d n(N_2)$ als Funktion von $\delta_d n(O)$ mit n als Parameter. Wir sehen, daß für $0.5 \leq \delta_d n(O) \leq 1.4$ die Ergebnisse nur schwach von n abhängen. Innerhalb des Wertebereiches $0.5 \leq n \leq 2$ sind die Gleichungen (32a, b) bis zu $\delta_d n(O) = 1.5$ nahezu unabhängig von n.

Die aus einer gegebenen Winddivergenz resultierenden Vertikalgeschwindigkeiten der Neutralgasbestandteile O_2, N_2 und O beeinflussen nicht nur die Zusammensetzung des Neutralgases, sondern, wie Gleichung (17) zeigt, auch dessen Temperatur. Jede Änderung der Neutralgaszusammensetzung, sofern sie auf dynamischen Effekten beruht, ist daher von einer Temperaturänderung begleitet. Wir haben gese-

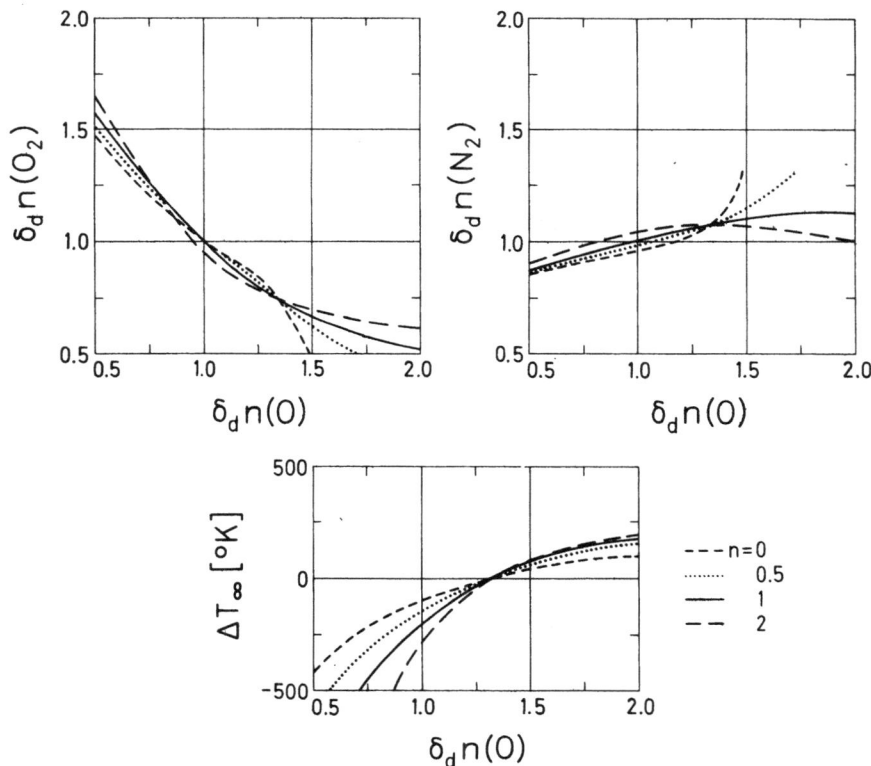

Abb. 9: Oben: $\delta_d n(O_2)$ (links) und $\delta_d n(N_2)$ (rechts) in Abhängigkeit von $\delta_d n(O)$ für vier Werte des Winddivergenz-Exponenten n.
Unten: Änderung der exosphärischen Temperatur infolge vertikaler Bewegungen in Abhängigkeit von $\delta_d n(O)$ für vier Werte des Winddivergenz-Exponenten n.

hen, daß der Zusammenhang zwischen $\delta_d n(O_2)$, $\delta_d n(N_2)$ und $\delta_d n(O)$ nicht kritisch von n abhängt. Dagegen ist die Höhenabhängigkeit von v_{nz} stark durch n bestimmt. Es ist daher zu erwarten, daß auch die Änderung der Neutralgastemperatur stark von n abhängt. Zur Abschätzung von ΔT_∞, der Änderung der exosphärischen Temperatur infolge dynamischer Prozesse, gehen wir von folgenden Näherungsannahmen aus:

1. Das Temperaturprofil sei gegeben durch (U.S. Standard Atmosphere, 1966)

$$T = T_\infty - (T_\infty - 355) e^{-s(z - 120)} \qquad (40)$$

mit $\qquad s = 0.0291 \cdot \exp\{-q^2/2\}$

und $\qquad q = \dfrac{T_\infty - 800}{750 + 1.722 \cdot 10^{-4}(T_\infty - 800)^2}$

Der Temperaturverlauf nach (40) ist sehr ähnlich dem durch Gleichung (20) beschriebenen, hat aber diesem gegenüber den Vorteil, leichter handhabbar zu sein.

2. Die Temperatur werde gemäß

$$T = T_o + T_1 \qquad (41)$$

in die Anteile T_o und T_1 aufgespalten. T_o sei die Temperatur, die sich unter der Wirkung von Wärmeproduktion, Wärmeverlust und Wärmeleitung einstellt. T_1 sei der zusätzliche Störanteil infolge von Vertikalbewegungen. Bei der Ermittlung von T_1 wollen wir näherungsweise davon ausgehen, daß der geschwindigkeitsabhängige Energieanteil durch einen zusätzlichen Wärmefluß ausgeglichen wird [CHANDRA und SINHA, 1972].

Mit diesen Annahmen folgt aus (17)

$$\left(\frac{\partial T_1}{\partial z}\right)_{120} \approx - \frac{C_v}{\varkappa_o L} \int_{120}^{\infty} n_n \left\{ v_{nz} \frac{\partial T_o}{\partial z} + (\gamma - 1) T_o \frac{\partial v_{nz}}{\partial z} \right\} dz \qquad (42)$$

Hieraus ergibt sich wegen $\Delta s \cdot T_\infty \ll s \cdot \Delta T_\infty$ (für Temperaturen um $1000°K$) die exosphärische Temperaturänderung ΔT_∞ zu

$$\Delta T_\infty \approx \frac{1}{s} \cdot \left(\frac{\partial T_1}{\partial z}\right)_{120} \qquad (43)$$

ΔT_∞ als Funktion von $\delta_d n(O)$ mit n als Parameter ist in Abbildung 9 (unterer Teil) dargestellt. Auf Grund des approximativen Charakters der Herleitung dieser Ergebnisse können wir aus ihnen keine quantitativen Schlüsse ziehen. Wir können aber feststellen, daß durch vertikale Transportvorgänge die Neutralgastemperatur wirkungsvoll gesenkt, hingegen nur unwesentlich angehoben werden kann.

Es ist eine bekannte Schwierigkeit, experimentell und theoretisch ermittelte Jahresgänge der Neutralgastemperatur in Einklang zu bringen [CHANDRA und STUBBE, 1971]. Der theoretische Verlauf zeigt stets eine wesentlich stärkere Temperaturdifferenz zwischen Sommer und Winter als der experimentelle. Wir sehen, daß eine Berücksichtigung von Vertikalbewegungen des Neutralgases hier Abhilfe schaffen kann, und zwar eher durch Absenkung der sommerlichen als durch Anhebung der winterlichen Temperaturen.

2.2 Das ionosphärische Plasma

2.21 Allgemeine Plasmaeigenschaften

Das Elektronen-Ionen-Gas der Ionosphäre genügt der Definition eines Plasmas: Die Debye-Länge

$$\lambda_D (cm) = 6.9 \, T_e^{1/2} (°K) \, n_e^{-1/2} (cm^{-3})$$

mit n_e der Elektronen-Teilchenzahldichte und T_e der Elektronentemperatur liegt in der Größenordnung 1 cm und ist damit stets sehr viel kleiner als eine charakteristische makroskopische Länge, etwa die Plasma-Skalenhöhe. Andererseits ist λ_D groß genug, damit die Zahl der Elektronen in einer Kugel vom Radius λ_D,

$$N_D = 1.4 \cdot 10^3 \, T_e^{3/2} (°K) \, n_e^{-1/2} (cm^{-3}),$$

in der gesamten Ionosphäre groß gegen 1 ist. Durch die Erfüllung dieser beiden Bedingungen ist sichergestellt, daß die individuellen elektrostatischen Teilchen-Wechselwirkungen in einem kollektiven Effekt resultieren. Insbesondere folgt, daß das Plasma quasineutral, d.h.

$$\left| n_e - \sum_j z_j n_j \right| \ll n_e$$

ist. Hierin ist n_j die Teilchenzahldichte und z_j die Ladungszahl der Ionensorte j.

Die mittlere freie Weglänge für Elektronen in einem Elektronengas beträgt [s. BANKS, 1966], wenn wir für den Coulomb-Logarithmus den Wert 15 zugrunde legen:

$$\lambda_e (km) = 0.25 \; T_e^2 (^\circ K) \; n_e^{-1} (cm^{-3})$$

Einsetzen typischer Werte für T_e und n_e zeigt, daß im gesamten von uns betrachteten Höhenbereich (125 bis 1000 km) λ_e sehr viel kleiner als die Plasmaskalenhöhe ist. Damit können wir (s. Abschnitt 2.11) für das Elektronengas die Gültigkeit der Transportgleichungen voraussetzen und für die Geschwindigkeitsverteilung eine lokale Maxwell-Verteilung gemäß (1) annehmen. Entsprechendes gilt für die Ionengase. In den folgenden Abschnitten wollen wir die Plasma-Transportgleichungen aufstellen.

2.22 Die Bewegungsgleichungen

Zur Beschreibung des Bewegungszustandes des ionosphärischen Plasmas im Magnetfeld der Erde wählen wir wie für das Neutralgas (s. Abschnitt 2.12) ein Cartesisches Koordinatensystem (x, y, z), dessen Achsen nach Süden, Osten und zum Zenit weisen. Die Kraftflußdichte $\underline{B}$ des Erdmagnetfeldes hat in diesem Koordinatensystem die Komponenten (-B cos I sin D, B cos I sin D, -B sin I) mit I der Inklination (positiv auf der Nordhalbkugel) und D der Deklination (positiv zum Osten).

Die Bewegungsgleichungen für die einzelnen Ionengase vereinfachen sich dadurch gegenüber der Bewegungsgleichung für das Neutralgas (s. Gl. (7) und (11)), daß die Trägheitskraft, die Corioliskraft und die Viskositätskraft vernachlässigt werden können [DOUGHERTY, 1961; RÜSTER, 1964; STUBBE, 1966]. Als zusätzliche Kraft tritt die Lorentz-Kraft auf. Die Ionen-Bewegungsgleichungen lauten damit:

$$n_j \; R_j \; (\underline{v}_j - \underline{v}_n) = -k \; grad \; (n_j T_j) + n_j m_j \underline{g} + n_j \; e \; (\underline{E} + \underline{v}_j x \underline{B}) \qquad (44)$$

mit
$$R_j = \sum_k \nu_{jk} \; \mu_{jk} \qquad \text{(s. Abschnitt 2.12)}$$

Wir wählen folgende Zuordnung zwischen dem Index j und der jeweiligen Ionensorte

j	1	2	3	4	5	6	7
Bestandteil	O_2^+	N_2^+	O^+	H^+	He^+	NO^+	N^+

In Gleichung (44) wurden nicht berücksichtigt die Reibungskraft durch Ionen-Ionen-Stöße und der Thermodiffusions-Anteil. Wir wollen diese Vereinfachung zunächst aufrechterhalten und erst später die beiden fehlenden Terme einfügen.

Die Bewegungsgleichung für das Elektronengas läßt sich aus (44) gewinnen, wobei wegen der Kleinheit der Elektronenmasse die Reibungskraft und die Schwerkraft vernachlässigt werden können.

$$O = -k \; grad \; (n_e T_e) - n_e \; e \; (\underline{E} + \underline{v}_e \; x \; \underline{B}) \qquad (45)$$

Die Gleichungen (44) und (45) sind über die elektrische Feldstärke $\underline{E}$ miteinander gekoppelt. Eine voneinander unabhängige Bewegung der Elektronen und Ionen würde wegen der vorhandenen vertikalen Teilchendichte-Gradienten zu einem Polarisationsfeld führen, das eine weitere Trennung der verschiedenen Ladungsträger verhindern würde. Aus der Elektronen-Bewegungsgleichung folgt, daß die drei $\underline{E}$-Komponenten über die Beziehung

$$E_z = \cot I \, (E_y \sin D - E_x \cos D) - \frac{k}{en_e} \frac{\partial}{\partial z} (n_e T_e) \qquad (46)$$

zusammenhängen [RÜSTER, 1971]. Einsetzen von (46) in (44) ergibt für die Vertikalkomponente der Ionengeschwindigkeit

$$v_{jz} = \frac{E_x}{B} \cos I \sin D + \frac{E_y}{B} \cos I \cos D + v_{nx} \sin I \cos I \cos D - v_{ny} \sin I \cos I \sin D + v_{nz} \sin^2 I - \frac{F_j}{R_j} \sin^2 I \qquad (47)$$

mit

$$F_j = k \left[\frac{1}{n_j} \frac{\partial}{\partial z} (n_j T_j) + \frac{1}{n_e} \frac{\partial}{\partial z} (n_e T_e) \right] + m_j g \qquad (48)$$

Bei der Herleitung von Gl. (47) wurde vorausgesetzt, daß die Stoßfrequenz $v_{jn} = R_j/m_j$ klein gegen die Gyrofrequenz $\omega_j = eB/m_j$ ist, so daß eine Diffusion quer zum Magnetfeld nicht möglich ist. Diese Voraussetzung ist zwar unterhalb von etwa 150 km nicht mehr gerechtfertigt, doch spielen unterhalb von 150 km Bewegungsvorgänge für die Teilchenbilanz keine Rolle.

Die Kenntnis von v_{jz}, E_x und E_y reicht aus, um alle weiteren Komponenten der Ionengeschwindigkeit auszudrücken:

$$v_{jx} = v_{jz} \cot I \cos D - \frac{E_y}{B} \csc I \qquad (49a)$$

$$v_{jy} = -v_{jz} \cot I \sin D + \frac{E_x}{B} \csc I \qquad (49b)$$

$$v_j^{\parallel} = v_{jz} \csc I - \frac{E_x}{B} \cot I \sin D - \frac{E_y}{B} \cot I \cos D \qquad (49c)$$

$$v_{j\xi} = v_{jz} \cot I - \frac{E_x}{B} \csc I \sin D - \frac{E_y}{B} \csc I \cos D \qquad (49d)$$

$$v_{j\eta} = \frac{E_x}{B} \csc I \cos D - \frac{E_y}{B} \csc I \sin D \qquad (49e)$$

Es bedeuten: $v_j^{\parallel}$ Geschwindigkeit aufwärts entlang der Magnetfeldlinie, $v_{j\xi}$ Geschwindigkeit in Richtung magnetisch Süd und $v_{j\eta}$ Geschwindigkeit in Richtung magnetisch Ost.

Da sich wegen der Quasineutralitätsbedingung die Elektronendichte als Summe der Ionendichten ergibt, benötigen wir hier nicht die Elektronengeschwindigkeit. Es sei jedoch vermerkt, daß die Elektronen-Bewegungsgleichung nur mit Hilfe einer Zusatzbedingung in die einzelnen Komponenten aufgelöst werden kann. Dadurch, daß die Elektronen-Bewegungsgleichung eine Beziehung zwischen E_x, E_y und E_z liefert (Gl. (46)), geht eine Bestimmungsgleichung für die drei Komponenten v_{ex}, v_{ey} und v_{ez} verloren. Als zusätzliche Bedingung ist eine Aussage über die Stromstärke entlang der Magnetfeldlinie erforderlich [STUBBE, 1970].

Gleichung (47) ist für die schweren Ionen O_2^+, N_2^+ und NO^+, die nur in der unteren F-Schicht einen wesentlichen Beitrag zur Gesamt-Ionisationsbilanz geben, anwendbar. Für die leichteren Ionen O^+, N^+, He^+ und H^+ dagegen sind der Thermodiffusionsbeitrag und die Reibungskraft durch Ionen-Ionen-Stöße zu berücksichtigen. Nach SCHUNK und WALKER [1969 und 1970] läßt sich für ein vollständig ionisiertes Gas, in dem O^+ und H^+ die Hauptbestandteile und N^+ und He^+ Spurenbestandteile sind ($n(O^+)$, $n(H^+) \gg n(N^+)$, $n(He^+)$), der Effekt der Thermodiffusion näherungsweise dadurch beschreiben, daß

$$\frac{1}{T_i} \frac{\partial T_i}{\partial z} \quad \text{ersetzt wird durch} \quad (1 - \beta_j) \frac{1}{T_i} \frac{\partial T_i}{\partial z}$$

Die von Schunk und Walker in Tabellenform gegebenen Werte für β_j lassen sich mit einer Genauigkeit von etwa 1 % analytisch approximieren durch

$$\beta_3 = \frac{n_4}{n_3+n_4}\left(1.77 - 0.61\ \text{tgh}\left\{1.1\left[\log_{10}\frac{n_3}{n_4} + 0.32\right]\right\}\right) \qquad (50a)$$

$$\beta_4 = -\frac{n_3}{n_4}\beta_3 \qquad (50b)$$

$$\beta_5 = 0.29 - 1.38\ \text{tgh}\left\{1.1\left[\log_{10}\frac{n_3}{n_4} + 0.24\right]\right\} \qquad (50c)$$

$$\beta_7 = 1.09 - 1.24\ \text{tgh}\left\{1.1\left[\log_{10}\frac{n_3}{n_4} + 0.28\right]\right\} \qquad (50d)$$

Bei Berücksichtigung der Thermodiffusion gilt für F_j der Ausdruck

$$F_j = k\left[\frac{T_i}{n_j}\frac{\partial n_j}{\partial z} + (1-\beta_j)\frac{\partial T_i}{\partial z} + \frac{1}{n_e}\frac{\partial}{\partial z}(n_e T_e)\right] + m_j g, \qquad (51)$$

der für $\beta_j = 0$ in (48) übergeht.

Die Reibungskraft infolge von Ionen-Ionen-Stößen lautet [STUBBE, 1970]

$$n_j \sum_i S_{ji} (\underline{v}_j - \underline{v}_i)$$

mit
$$S_{ji} = \nu_{ji}\,\mu_{ji},$$

wobei j für die betrachtete Ionensorte und i ≠ j für die jeweils anderen Ionensorten steht. Dieser Term ist für die Bestandteile O^+, H^+, N^+ und He^+ der linken Seite von Gleichung (47) hinzuzufügen. Alle aus Gleichung (47) hergeleiteten Ergebnisse bleiben erhalten, wenn wir R_j durch

$$R_j' = R_j + \sum_{i \neq j} S_{ji} \qquad (52a)$$

und $\underline{v}_n$ durch

$$\underline{v}_n' = \frac{R_j}{R_j'}\underline{v}_n + \frac{1}{R_j'}\sum_{i \neq j} S_{ji}\,\underline{v}_i \qquad (52b)$$

ersetzen. Insbesondere folgt für die Vertikalkomponente der Ionengeschwindigkeit aus Gleichung (47) (Ersetzen von R_j durch R_j' und $\underline{v}_n$ durch $\underline{v}_n'$ nach (52a) und (52b); Zusammenfassung der Terme durch Anwendung von (49a) und (49b)):

$$v_{jz} = \frac{1}{R_j'}\sum_{i \neq j} S_{ji}\,v_{iz} - \frac{F_j}{R_j'}\sin^2 I + \frac{R_j}{R_j'}v_z \qquad (53)$$

mit

$$v_z = v_{nx}\sin I \cos I \cos D - v_{ny}\sin I \cos I \sin D + v_{nz}\sin^2 I + \frac{E_x}{B}\cos I \sin D + \frac{E_y}{B}\cos I \cos D \qquad (54)$$

v_z ist der für alle Ionensorten gleiche "externe" Anteil der Geschwindigkeit. Für die Spurenbestandteile He^+ und N^+ läßt sich (53) unmittelbar anwenden, da wegen der großen Teilchendichteunterschiede die Geschwindigkeiten v_{iz} (i ≠ j) praktisch nicht von v_{jz} abhängen. Dagegen stellt (53) für die Hauptbestandteile O^+ und H^+ ein gekoppeltes Gleichungssystem dar, dessen Lösung lautet:

$$v_{jz} = - \frac{\sin^2 I}{1- \frac{S_{ji} S_{ij}}{R_j' R_i'}} \left[\frac{F_j}{R_j'} + \frac{S_{ji}}{R_j' R_i'} F_i \right] + v_z \tag{55}$$

In (55) nehmen die Indices die Werte j = 3, i = 4 oder j = 4, i = 3 an. Mit den in den R_j und S_{ji} enthaltenen Ionen-Stoßzahlen befassen wir uns in Anhang C.

2.23 Die Kontinuitätsgleichungen

Die Kontinuitätsgleichung für den Ionenbestandteil j lautet, wenn wir wie in Abschnitt 2.12 die horizontalen Ableitungen des Teilchenflusses gegenüber der vertikalen Ableitung vernachlässigen:

$$\frac{\partial n_j}{\partial t} = P_j - L_j - \frac{\partial}{\partial z} (n_j v_{jz}) \tag{56}$$

P_j und L_j beschreiben die Teilchenproduktion bzw. den Teilchenverlust durch Photoionisation und chemische Reaktionen. Der Photoionisationsanteil von P_j, $P_j^{(p)}$, läßt sich ausdrücken durch

$$P_j^{(p)}(z) = n_k(z) \int_0^\infty \sigma_k^{(i)}(\lambda) \phi_\infty(\lambda) \exp\left\{ - \sec\chi \sum_k \sigma_k^{(a)}(\lambda) \int_z^\infty n_k dz \right\} d\lambda \tag{57}$$

mit

$\sigma_k^{(i)}$, $\sigma_k^{(a)}$ = Ionisations- bzw. Absorptions-Wirkungsquerschnitt des k-ten Neutralgasbestandteiles im Wellenlängenintervall $\lambda \ldots \lambda + d\lambda$

$\phi_\infty(\lambda)$ = exosphärischer Photonenfluß ($cm^{-2} sec^{-1} Å^{-1}$)

χ = Sonnenstandswinkel, vom Zenit gemessen.

Für $\chi \approx 90°$, d.h. um Sonnenaufgang und -untergang, ist $\sec\chi$ durch die sog. Chapman-Funktion zu ersetzen, wodurch der infolge der Kugelgestalt der Erde verlängerte Strahlenweg berücksichtigt wird. Für große Höhen geht die Produktionsfunktion über in

$$P_j^{(p)} = n_k \int_0^\infty \sigma_k^{(i)} \phi_\infty(\lambda) d\lambda$$

oder

$$P_j^{(p)} = \gamma_j n_k , \tag{57a}$$

was formal der Reaktionsrate einer monomolekularen Reaktion entspricht. Von (57a) wird man immer dann Gebrauch machen, wenn die betrachtete Ionensorte nur oberhalb des Produktionsmaximums von Bedeutung ist, was in unserem Fall für die Ionen N^+ und He^+ zutrifft. Die Zuordnung zwischen j und k ist derart, daß k für den Neutralgasbestandteil steht, aus dem das Ion j durch Entfernen eines Elektrons hervorgeht.

Werte für den Photonenfluß werden von HINTEREGGER [1970], für die Wirkungsquerschnitte von HINTEREGGER und HALL [1965] angegeben. Sie lassen sich in neun Wellenlängenbereiche zusammenfassen und sind in der folgenden Tabelle dargestellt, und zwar in den Einheiten [Å] für λ, [$10^9 cm^{-2} sec^{-1}$] für ϕ_∞ und [$10^{-18} cm^2$] für σ.

λ	Φ_∞	$\sigma^{(a)}(O_2)$	$\sigma^{(a)}(N_2)$	$\sigma^{(a)}(O)$	$\sigma^{(i)}(O_2)$	$\sigma^{(i)}(N_2)$	$\sigma^{(i)}(O)$
31 - 165	1.85	1.1	0.46	0.55	1.1	0.46	0.55
165 - 205	3.7	6.8	2.2	3.4	6.8	2.2	3.4
205 - 280	4.5	13.4	3.6	6.7	13.4	3.6	6.7
280 - 370	10.3	21.0	7.7	9.3	21.0	7.7	9.3
370 - 460	0.63	24.0	17.0	11.1	23.0	17.0	11.1
460 - 630	4.7	29.0	24.0	12.9	26.0	22.0	12.9
630 - 796	2.4	28.0	25.0	3.4	16.8	17.4	3.4
796 - 911	8.3	12.6	5.0	3.2	7.0	0	3.2
911 - 1027	11.6	5.5	5.0	0	3.0	0	0

Die wichtigsten Reaktionen in dem von uns betrachteten Höhenbereich sind:

Reaktion	Reaktionskonstante $[cm^3\ sec^{-1}]$ bzw. Produktionsrate $[cm^3\ sec^{-1}]$	Quelle
$O_2^+ + NO \rightarrow NO^+ + O_2$	$k_r(1,1) = 8\ 10^{-10}$	MITRA [1969]
$O_2^+ + e^- \rightarrow O + O$	$k_r(1,2) = 2.2\ 10^{-7}(300/T_e)^{0.65}$	PHARO et al. [1971]
$O_2 + h\nu \rightarrow O_2^+$	$P_1^{(p)}$ nach Gl. (57)	-
$N_2^+ + O_2 \rightarrow O_2^+ + N_2$	$k_r(2,1) = 5\ 10^{-11}$	FERGUSON [1969]
$N_2^+ + O \rightarrow NO^+ + N$	$k_r(2,2) = 1.5\ 10^{-10}$	FERGUSON [1969]
$N_2^+ + e^- \rightarrow N + N$	$k_r(2,3) = 2.9\ 10^{-7}(300/T_e)^{0.33}$	PHARO et al. [1971]
$N_2 + h\nu \rightarrow N_2^+$	$P_2^{(p)}$ nach Gl. (57)	-
$O^+ + O_2 \rightarrow O_2^+ + O$	$k_r(3,1) = 1.6\ 10^{-11}$	STUBBE [1969]
$O^+ + N_2 \rightarrow NO^+ + N$	$k_r(3,2) = 6\ 10^{-12}$	STUBBE [1969]
$O^+ + H \rightarrow H^+ + O$	$k_r(3,3) = 2\ 10^{-9}$	FERGUSON [1969]
$O + h\nu \rightarrow O^+$	$P_3^{(p)}$ nach Gl. (57)	-
$H^+ + O \rightarrow O^+ + H$	$k_r(4,1) = (8/9)\ k_r(3,3)$	-

$He^+ + N_2 \to He + N^+ + N$	$k_r(5,1) = 7.5 \; 10^{-10}$	FERGUSON [1967]
$He^+ + N_2 \to He + N_2^+$	$k_r(5,2) = 7.5 \; 10^{-10}$	FERGUSON [1967]
$He^+ + O_2 \to He + O^+ + O$	$k_r(5,3) = 1.0 \; 10^{-9}$	FERGUSON [1967]
$He + h\nu \to He^+$	$P_5^{(p)} = 4 \; 10^{-8} \; n(He)$	McELROY [1965]
$NO^+ + e^- \to N + O$	$k_r(6,1) = 4 \; 10^{-7} (300/T_e)$	PHARO et al. [1971]
$N^+ + O_2 \to NO^+ + N$	$k_r(7,1) = 2.5 \; 10^{-10}$	FERGUSON [1969]
$N^+ + O_2 \to O_2^+ + N$	$k_r(7,2) = 3.5 \; 10^{-10}$	FERGUSON [1969]
$N + h\nu \to N^+$	$P_7^{(p)} = 0.21 \; P_2^{(p)}$	McELROY [1967]

Aus diesem Reaktionsschema ergeben sich die folgenden Ausdrücke für die Produktions- und Verlustterme der einzelnen Ionensorten:

$$P(O_2^+) = P_1^{(p)} + [k_r(2,1) n(N_2^+) + k_r(3,1) n(O^+) + k_r(7,2) n(N^+)] n(O_2) \tag{58a}$$

$$L(O_2^+) = [k_r(1,1) n(NO) + k_r(1,2) n_e] n(O_2^+) \tag{58b}$$

$$P(N_2^+) = P_2^{(p)} + k_r(5,2) n(He^+) n(N_2) \tag{58c}$$

$$L(N_2^+) = [k_r(2,1) n(O_2) + k_r(2,2) n(O) + k_r(2,3) n_e] n(N_2^+) \tag{58d}$$

$$P(O^+) = P_3^{(p)} + k_r(4,1) n(H^+) n(O) + k_r(5,3) n(He^+) n(O_2) \tag{58e}$$

$$L(O^+) = [k_r(3,1) n(O_2) + k_r(3,2) n(N_2) + k_r(3,3) n(H)] n(O^+) \tag{58f}$$

$$P(H^+) = k_r(3,3) n(O^+) n(H) \tag{58g}$$

$$L(H^+) = k_r(4,1) n(O) n(H^+) \tag{58h}$$

$$P(He^+) = P_5^{(p)} \tag{58i}$$

$$L(He^+) = [(k_r(5,1) + k_r(5,2)) n(N_2) + k_r(5,3) n(O_2)] n(He^+) \tag{58j}$$

$$P(NO^+) = k_r(1,1) n(O_2^+) n(NO) + k_r(2,2) n(N_2^+) n(O) + k_r(3,2) n(O^+) n(N_2) + k_r(7,1) n(N^+) n(O_2) \tag{58k}$$

$$L(NO^+) = k_r(6,1) n_e n(NO^+) \tag{58l}$$

$$P(N^+) = P_7^{(p)} + k_r(5,1) n(He^+) n(N_2) \tag{58m}$$

$$L(N^+) = [k_r(7,1) + k_r(7,2)] n(O_2) n(N^+) \tag{58n}$$

Die Teilchendichte n(NO) beschreiben wir nach MITRA [1969] näherungsweise durch

$$n(NO) = 4 \cdot 10^{-1} \, n(O_2) \exp\{-3700/T_n\} + 5 \cdot 10^{-7} \, n(O) \qquad (59)$$

Mit Ausnahme der Rekombinationskoeffizienten werden alle auftretenden Reaktionskonstanten als temperaturunabhängig angenommen. Dieses stellt zweifellos eine Idealisierung dar, da generell auch für Ionen-Neutralgas-Reaktionen eine Temperaturabhängigkeit vom Arrheniusschen Typ gelten sollte. Wir werden uns in Anhang D mit dieser Frage befassen und dabei sehen, daß in einem weiten Aktivierungsenergie-Bereich infolge der auftretenden Polarisationskräfte die Reaktionskonstante tatsächlich nur schwach von der Temperatur abhängt.

Die Abhängigkeit der in die Produktionsfunktionen eingehenden Photonenflüsse von der solaren Aktivität beschreiben wir nach HINTEREGGER [1970] durch

$$\phi_\infty = \phi_\infty^{Tab.} \cdot [1 + 5 \cdot 10^{-3} (F_{10.7} - 150)] \, . \qquad (60)$$

Hierin ist $\phi_\infty^{Tab.}$ der jeweilige für die einzelnen Wellenlängenbereiche angegebene Tabellenwert, der demnach dem Aktivitätsindex $F_{10.7} = 150$ zugeordnet ist.

Durch Berechnung des div-Terms mittels der in Abschnitt 2.22 angegebenen Beziehungen für die Ionengeschwindigkeit ergibt sich für die Ionen-Kontinuitätsgleichungen die allgemeine Form

$$\frac{\partial n_j}{\partial t} = f_1^{(j)} \frac{\partial^2 n_j}{\partial z^2} + f_2^{(j)} \frac{\partial n_j}{\partial z} + f_3^{(j)} n_j + f_4^{(j)} \, . \qquad (61)$$

Die Koeffizienten $f_1^{(j)}, \ldots, f_4^{(j)}$ werden wir in Anhang E angeben. Die Randwerte für die Differentialgleichungen (61) werden in Abschnitt 2.25 zusammen mit den Randwerten der anderen auftretenden Differentialgleichungen (Bewegungsgleichungen des Neutralgases, Energiegleichungen des Plasmas) diskutiert.

Zum Schluß dieses Abschnittes sei noch vermerkt, daß die angegebenen Reaktionskonstanten teilweise nur vorläufig verwendet werden. Wir werden später sehen, daß einige von ihnen verändert werden müssen, um eine bessere Übereinstimmung zwischen gemessenen und berechneten Ionendichten zu erhalten.

2.24 Die Energiegleichungen

In Abschnitt 2.12 wurde die Energiegleichung in allgemeiner Form angegeben (Gl. (14)) und speziell für das Neutralgas formuliert (Gl. (17)). Für das Plasma sind weitergehende Vereinfachungen zulässig, die von STUBBE [1971] diskutiert werden. Demnach lauten die Energiegleichungen für das Elektronen- und Ionengas:

$$\frac{\partial T_e}{\partial t} = \frac{2}{3 k n_e} \left\{ Q_p^{(e)} + Q_T^{(e)} + \frac{\partial}{\partial z}\left(\varkappa_e \frac{\partial T_e}{\partial z}\right) \right\} \qquad (62a)$$

$$\frac{\partial T_i}{\partial t} = \frac{L}{\sum_j n_j C_{vj}} \left\{ Q_p^{(i)} + Q_T^{(i)} + \frac{\partial}{\partial z}\left(\varkappa_i \frac{\partial T_i}{\partial z}\right) \right\} \qquad (62b)$$

Q_p steht für die Energiezufuhr (pro Volumen- und Zeiteinheit) aus der einfallenden solaren Strahlung. Der Umwandlungsmechanismus von Strahlungsenergie in thermische Energie besteht aus einer komplexen Kette von Einzelprozessen, die im folgenden kurz skizziert seien: Durch Photoionisation von Neutralgasteilchen werden Elektronen freigesetzt, deren anfängliche kinetische Energie, im Mittel gesehen, die kinetische Energie der Teilchen des umgebenden Elektronengases weit übersteigt. Diese sog. Photoelektronen verlieren ihre Überschußenergie in elastischen Stößen mit Elektronen, Ionen und Neutralgasteilchen sowie inelastischen Stößen, hauptsächlich mit Neutralgasteilchen. Die in elastischen Stößen verlorene Energie kommt dem jeweiligen Gas als thermische Energie zu. Da die pro Stoß übertragene Energie proportional zum Massenverhältnis der Stoßpartner ist, wird dem Elektronengas, auf ein Einzelteilchen bezogen, bei weitem die meiste Energie zugeführt. Hierin liegt der Grund, warum am Tage die Elektronentemperatur höher ist als die Ionen- und Neutralgastemperatur. Die durch inelastische Stöße übertragene Energie ist zunächst als thermische Energie verloren. Zwar wird durch Stoß-Deaktivierung der angeregten Zustände eine Rückgewinnung erfolgen, doch läßt sich wegen fehlender Kenntnis der entsprechenden Wirkungsquerschnitte nicht angeben, in welchem Verhältnis die freiwerdende Energie auf die beteiligten Gase verteilt wird. Bisherige Rechnungen [DALGARNO et al., 1963; NISBET, 1968; BANKS und NAGY, 1970; SWARTZ, 1972] haben daher diesen Beitrag für das Elektronengas vernachlässigt. Hierin liegt eine Quelle großer Unsicherheit. Tatsächlich werden wir später beim Vergleich gemessener und berechneter Elektronentemperaturen sehen, daß wir eine beträchtliche zusätzliche Energieproduktion benötigen, die ihren Ursprung nur in diesem Reservoir haben kann.

Eine zusätzliche Komplizierung stellt sich dadurch ein, daß die an einem bestimmten Ort erzeugten Photoelektronen nicht notwendigerweise in dessen unmittelbarer Umgebung ihre Energie verlieren. Man wird also gezwungen sein, zur Berechnung von Q_p die Transportgleichungen der Photoelektronen in den Variablen Höhe, Zeit und Energie zu lösen. Ein solches Vorhaben stellt in sich eine Aufgabe dar, die an Komplexität nicht hinter der hier gestellten einer simultanen Lösung der verschiedenen Kontinuitäts-, Bewegungs- und Energiegleichungen zurücksteht. Man wird daher, um den Rechenaufwand in vernünftigen Grenzen zu halten, auf eine Berechnung des nichtlokalen Anteils von Q_p verzichten müssen. Im allgemeinen wird diese Vernachlässigung gerechtfertigt sein, da nichtlokale Effekte in einem Höhenbereich wirksam werden, in dem Q_p ohnehin weit hinter dem Wärmeleitungsanteil zurücksteht. Nur bei sehr hohen Elektronendichten, also in niederen Breiten und/oder bei hoher Sonnenaktivität, wird eine Vernachlässigung nichtlokaler Wärmeproduktion zu einer Unterschätzung der Elektronentemperatur führen.

Die lokale Wärmeproduktionsfunktion läßt sich nach SWARTZ und NISBET [1972] analytisch approximieren durch

$$Q_p^{(e)} = \varepsilon \sum_j P_j^{(p)} \qquad (63a)$$

$$\varepsilon = \exp\{-6.354 - 4.193x - 0.7226x^2 - 0.04938x^3 - 0.001203x^4\} \text{ [eV]} \qquad (63b)$$

mit $\quad x = \ln\left\{\dfrac{n_e}{n(O_2) + n(N_2) + 0.1\, n(O)}\right\}$

Dagegen läßt sich $Q_p^{(i)}$ gegenüber den anderen Termen in der Energiegleichung vernachlässigen.

Q_T steht für den Energieaustausch pro Volumen- und Zeiteinheit zwischen den einzelnen Gasen. Soweit dieser auf elastische Stöße zurückgeht, sind die entsprechenden Beziehungen in Anhang C (insbesondere Gl.(C.2)) angegeben. Für das Ionengas überwiegt im unteren Höhenbereich bis hinauf zu etwa 400 km die thermische Kopplung mit dem Neutralgas, so daß dort die Ionentemperatur gleich der Neutralgastemperatur ist. Mit zunehmender Höhe wird die Kopplung zwischen dem Ionengas und dem Elektronengas stärker. In der Exosphäre wird man von einer nahezu einheitlichen Plasmatemperatur ausgehen können. Streng genommen muß man zwischen den verschiedenen Ionentemperaturen der einzelnen Ionengase unterscheiden, doch sind die entsprechenden Differenzen so klein, daß sie weder experimentell nachweisbar sind noch die anderen Unbekannten beeinflussen [BANKS, 1967; STUBBE, 1970].

Da T_e stets größer als T_n und T_i ist, wirkt $Q_T^{(e)}$ als reiner Verlustterm. Neben dem Energieverlust durch elastische Stöße mit dem Ionengas spielt der Energieverlust durch inelastische Stöße mit dem Neutralgas die wesentliche Rolle, insbesondere durch Feinstrukturanregung von O, Vibrationsanregung von O_2 und N_2 sowie Rotationsanregung von O_2 und N_2. Die entsprechenden Terme lauten:

Feinstrukturanregung [DALGARNO, 1969]

$$Q_T^{(e)}(O; F.St.) = - n_e \, n(O) \; 3.4 \; 10^{-12} \; T_n^{-1} \, (1 - 7 \; 10^{-5} \, T_e)(T_e - T_n) \quad [eV \; cm^{-3} \; sec^{-1}] \tag{64a}$$

Vibrationsanregung [STUBBE und VARNUM, 1972]

$$Q_T^{(e)}(O_2; Vib.) = n_e \, n(O_2) \; 7.45 \; 10^{-13} \, \exp\left\{ f \, \frac{T_e - 700}{700 \, T_e} \right\} \left[\exp\left\{ -3000 \, \frac{T_e - T_n}{T_e \, T_n} \right\} - 1 \right] \tag{64b}$$

$$[eV \; cm^{-3} \; sec^{-1}]$$

$$f = 3.902 \; 10^3 + 4.38 \; 10^2 \; tgh \, [4.56 \; 10^{-4} \, (T_e - 2400)]$$

$$Q_T^{(e)}(N_2; Vib.) = n_e \, n(N_2) \; 2.99 \; 10^{-12} \, \exp\left\{ f \, \frac{T_e - 2000}{2000 \, T_e} \right\} \left[\exp\left\{ -g \, \frac{T_e - T_n}{T_e \, T_n} \right\} - 1 \right] \tag{64c}$$

$$[eV \; cm^{-3} \; sec^{-1}]$$

$$f = 1.06 \; 10^4 + 7.51 \; 10^3 \; tgh \, [1.10 \; 10^{-3} \, (T_e - 1800)]$$

$$g = 3300 + 1.233 \, (T_e - 1000) - 2.056 \; 10^{-4} (T_e - 1000)(T_e - 4000)$$

Rotationsanregung [MENTZONI und ROW, 1963; DALGARNO et al., 1968]

$$Q_T^{(e)}(O_2; Rot.) = - n_e \, n(O_2) \; 7.0 \; 10^{-14} \; T_e^{-1/2} (T_e - T_n) \quad [eV \; cm^{-3} \; sec^{-1}] \tag{64d}$$

$$Q_T^{(e)}(N_2; Rot.) = - n_e \, n(N_2) \; 2.8 \; 10^{-14} \; T_e^{-1/2} (T_e - T_n) \quad [eV \; cm^{-3} \; sec^{-1}] \tag{64e}$$

Mit zunehmender Höhe wird der Wärmeleitungsanteil zum dominierenden Term in der Energiegleichung, und zwar für das Elektronengas je nach Elektronendichte oberhalb von 250 - 400 km, für das Ionengas etwa oberhalb von 700 km. Die Wärmefähigkeit ist gegeben durch [BANKS, 1966]

$$\varkappa_e = \frac{7.7 \; 10^5 \; T_e^{5/2}}{1 + 3.22 \; 10^4 \, (T_e^2/n_e) \sum n_k q_k} \quad [eV \; cm^{-1} \; sec^{-1} \; {}^\circ K^{-1}] \tag{65a}$$

mit

$$q(O_2) = 2.2 \; 10^{-16} \, (1 + 3.6 \; 10^{-2} \, T_e^{1/2}) \quad [cm^2]$$

$$q(N_2) = 2.8 \; 10^{-17} \, (1 - 1.2 \; 10^{-4} \, T_e) \, T_e^{1/2} \quad [cm^2]$$

$$q(O) = 3.4 \; 10^{-16} \quad [cm^2]$$

$$\varkappa_j = 4.6 \; 10^4 \; T_i^{5/2} \; A_j^{-1/2} \quad [eV \; cm^{-1} \; sec^{-1} \; {}^\circ K^{-1}] \tag{65b}$$

Hierin ist A_j das Atomgewicht der Ionensorte j. Die Gesamt-Wärmeleitfähigkeit des Ionengases ergibt sich aus den einzelnen $\varkappa_j$ durch Anwendung von Gleichung (16). Bei Anwesenheit eines Magnetfeldes beschreiben (65a,b) die Wärmeleitfähigkeiten entlang der Feldlinie. Ist die Gyrofrequenz groß gegen die Stoßfrequenz, so verschwindet die Wärmeleitfähigkeit quer zum Magnetfeld. In diesem Fall ist die vertikale Wärmeleitfähigkeit durch Multiplikation der Ergebnisse (65a,b) mit $\sin^2 I$ (I = Inklination des Erdmagnetfeldes) gegeben.

2.25 Die Randwerte

Die in den Abschnitten 2.12, 2.23 und 2.24 aufgestellten Bewegungsgleichungen des Neutralgases, Kontinuitätsgleichungen der einzelnen Ionengase und Energiegleichungen des Elektronen- und Ionengases besitzen die Gemeinsamkeit, Differentialgleichungen von zweiter Ordnung in z zu sein. Zu ihrer Lösung ist daher ein Höhenbereich festzulegen, an dessen Endpunkten Randbedingungen anzugeben sind.

Als unteren Rand wählen wir 125 km. Für die horizontale Neutralgasgeschwindigkeit am unteren Rand setzen wir

$$\underline{v}_n = 0 \qquad (66)$$

Diese Bedingung, obwohl weder theoretisch begründbar noch experimentell bestätigt, wird üblicherweise theoretischen Windberechnungen zugrunde gelegt [KOHL, 1972]. Ihre Berechtigung bezieht sie aus der Tatsache, daß die Windstruktur unterhalb von etwa 150 km stark irregulär ist [BEDINGER, 1972], so daß eine wie auch immer formulierte Randbedingung keine Übereinstimmung mit experimentellen Werten ergeben kann, sowie daraus, daß oberhalb von 150 km die Windgeschwindigkeit nahezu unabhängig vom Wert in 125 km Höhe wird.

Für die Kontinuitäts- und Energiegleichungen dagegen lassen sich natürliche Randwerte angeben. Es zeigt sich, daß am unteren Rand die Produktions- und Verlustterme in diesen Gleichungen weit größer als die Transportterme sind. Damit entfallen die ersten und zweiten Ableitungen nach z. Die verbleibenden Gleichungen lassen sich dann leicht analytisch lösen.

Als obere Randhöhe wählen wir 1000 km. Für diese Wahl sind zwei Gesichtspunkte maßgeblich. Einerseits muß der Rand so niedrig liegen, daß die Transportgleichungen noch gültig sind. Andererseits muß er aber so hoch liegen, daß die Terme zweiter Ordnung in z die anderen Terme der jeweiligen Transportgleichung überwiegen, damit aus dieser Bedingung ein physikalisch signifikanter Randwert für die jeweilige Unbekannte selbst oder ihre erste Ableitung hergeleitet werden kann.

Aus der Dominanz des Viskositätsterms in den Neutralgas-Bewegungsgleichungen (Gl. (13a,b)) für große Höhen folgt $\partial^2 \underline{v}_n / \partial z^2 = 0$. Integration dieser Beziehung nach z und Forderung einer endlichen Geschwindigkeit für $z \to \infty$ ergibt

$$\frac{\partial \underline{v}_n}{\partial z} = 0 \qquad (67)$$

Diese Randbedingung ist jedoch keinesfalls so zwangsläufig, wie sie erscheinen mag. Einerseits nämlich ist es nicht legitim, mit dem Übergang einer Größe zu $z \to \infty$ zu argumentieren, wenn die Gleichung, der sie entstammt, für eben diesen Übergang nicht gültig bleibt. Andererseits dominiert für große Höhen nicht $\partial^2 \underline{v}_n / \partial z^2$ allein, sondern der Gesamtterm $\Delta \underline{v}_n$. Eine ausführliche Diskussion der Randbedingung (67) gibt KOHL [1972]. Er zeigt insbesondere, daß bis hinauf zu 400 - 500 km die Windgeschwindigkeit praktisch unabhängig von der oberen Randbedingung bleibt. Da oberhalb dieses Höhenbereichs die Windgeschwindigkeit keinen Einfluß mehr auf die anderen Unbekannten hat, wollen wir trotz ihrer offenbaren Mängel die Randbedingung (67) anwenden.

Die Ionendichten der Sorten O_2^+, N_2^+ und NO^+ nehmen am oberen Rand extrem niedrige Werte an. Damit Teilchenflüsse am oberen Rand die Dichten dieser Ionen im Bereich der F-Schicht beeinflussen könnten, müßten die Vertikalgeschwindigkeiten extrem hohe Werte annehmen, was infolge der Reibung mit den anderen Ionengasen ausgeschlossen ist. Wir können daher die Teilchenflüsse am oberen Rand Null setzen, woraus nach Gl. (48) die Randbedingung

$$\frac{\partial n_j}{\partial z} = -\frac{n_j}{T_i}\left[\frac{\partial T_i}{\partial z} + \frac{1}{n_e}\frac{\partial}{\partial z}(n_e T_e) + \frac{m_j g}{k}\right] \qquad j = 1, 2, 6 \qquad (68)$$

folgt.

Für die verbleibenden Ionensorten O^+, H^+, He^+, N^+ gehen wir davon aus, daß am oberen Rand $n(O^+)$ und/oder $n(H^+)$ sehr viel größer als $n(He^+)$ und $n(N^+)$ ist. Zusätzlich fordern wir für He^+ und N^+ die Existenz eines Diffusionsgleichgewichtes ($F_j = 0$) und erhalten damit aus (51)

$$\frac{\partial n_j}{\partial z} = -\frac{n_j}{T_i}\left[(1-\beta_j)\frac{\partial T_i}{\partial z} + \frac{1}{n_e}\frac{\partial}{\partial z}(n_e T_e) + \frac{m_j g}{k}\right] \qquad j = 5, 7. \qquad (69)$$

Für die Hauptbestandteile der oberen Ionosphäre, O^+ und H^+, haben wir einen vertikalen Fluß zuzulassen. Dieser kann aus einem externen Anteil $\phi_j^{(ext)}$ bestehen, der seinen Ursprung in der Magnetosphäre oder der gegenüberliegenden Hemisphäre hat, sowie aus einem internen Anteil infolge "Atmens" der oberen Ionosphäre durch zeitliche Temperaturänderungen. Bei Temperaturzunahme dehnt sich die Ionosphäre aus, begleitet von einem Aufwärtsfluß. Entsprechend erfolgt bei Temperaturabnahme eine Kontraktion mit einem abwärts gerichteten Fluß. Der interne Flußanteil $\phi_j^{(int)}$ läßt sich durch Integration der betreffenden Kontinuitätsgleichung oberhalb des oberen Randes z_o gewinnen. Unter Vernachlässigung der Produktions- und Verlustterme erhalten wir aus (56):

$$\frac{\partial}{\partial t}\int_{z_o}^{\infty} n_j dz = -\phi_j^{(int)}(\infty) + \phi_j^{(int)}(z_o)$$

Hierin steckt die verborgene Annahme, daß $\phi_j^{(ext)}$ oberhalb z_o divergenzfrei ist. Da n_j für $z \to \infty$ gegen Null geht, muß für endliche Geschwindigkeiten auch $\phi_j^{(int)}$ gegen Null gehen. Damit folgt

$$\phi_j^{(int)}(z_o) = \frac{\partial}{\partial t}\int_{z_o}^{\infty} n_j dz \qquad (70)$$

Die weitere Aufgabe besteht nun darin, einen Zusammenhang zwischen der zeitlichen Änderung des Integrals $\int_{z_o}^{\infty} n_j dz$ und der zeitlichen Änderung der Temperatur herzustellen. Bei einem Zweiionenmodell mit diffusiver Kopplung (s. Gl. (55)) ist diese Aufgabe nicht exakt lösbar. Wir müssen daher zusätzliche Annahmen einführen. Diese sind so zu wählen, daß der ermittelte Fluß zwischen Null und dem tatsächlichen Fluß liegt. Nur so nämlich kann sichergestellt werden, daß der ermittelte Fluß eine bessere Approximation darstellt als eine völlige Vernachlässigung des internen Flusses.

Die folgenden Annahmen erfüllen diese Bedingung:

    a) H^+ ist oberhalb z_o das dominierende Ion.

    b) T_i und T_e sind oberhalb z_o konstant.

Hiermit folgt aus (51) für $F_j = 0$:

$$n_j(z) = n_j(z_o) \exp\left\{-\frac{z-z_o}{H_j}\right\}$$

mit
$$H_3 = \frac{kT_i}{g\left[m_3 - m_4 \frac{T_e}{T_i + T_e}\right]}$$

$$H_4 = \frac{k(T_e + T_i)}{m_4 g}$$

Weiterhin:

$$\int_{z_o}^{\infty} n_j \, dz = n_j(z_o) H_j$$

Durch Einsetzen dieser Beziehung in (70) ist $\phi_j^{(int)}$ festgelegt. Die obere Randbedingung für O^+ und H^+ ergibt sich dann aus (53) zu

$$\frac{\partial n_j}{\partial z} = -n_j\left[-\frac{S_{ji} v_{iz}}{kT_i \sin^2 I} + (1-\beta_j)\frac{1}{T_i}\frac{\partial T_i}{\partial z} + \frac{1}{n_e T_i}\frac{\partial}{\partial z}(n_e T_e) + \frac{m_j g}{kT_i}\right] \tag{71}$$

$$-\frac{R'_j}{kT_i \sin^2 I}\left[\phi_j^{(int)} + \phi_j^{(ext)}\right] \qquad j = 3, 4$$

Die Indices j und i nehmen die Werte 3 und 4 bzw. 4 und 3 an. Der externe Anteil des Flusses, $\phi_j^{(ext)}$, stellt einen unbekannten Parameter dar, der nur durch Messungen gewonnen werden kann. Bisherige Meßmethoden [EVANS, 1971] erlauben lediglich eine Bestimmung des Elektronenflusses. Eine Aufteilung in einen O^+- und einen H^+-Fluß ist nicht willkürfrei möglich. Es erscheint jedoch plausibel, davon auszugehen, daß der Fluß, den eine Ionensorte trägt, proportional zum Anteil dieser Ionensorte an der Gesamtionisierung ist.

$$\phi_j^{(ext)} = \frac{n_j}{n_i + n_j} \phi^{(ext)} \tag{72}$$

Die obere Randbedingung für die Energiegleichung hat der thermischen Kopplung zwischen Ionosphäre und Exosphäre Rechnung zu tragen. Aus der Ionosphäre entweichen Photoelektronen (s. Abschnitt 2.24) in die Exosphäre und deponieren dort einen Teil ihrer Energie. Da Wärmeverlustprozesse in der Exosphäre vernachlässigbar sind, wird die Exosphäre stärker erwärmt als die Ionosphäre, woraus ein abwärts gerichteter Wärmefluß resultiert. Der thermische Kopplungsprozeß besteht demnach darin, daß Energie durch einen Teilchenstrom aus der Ionosphäre in die Exosphäre und durch einen Wärmestrom aus der Exosphäre in die Ionosphäre transportiert wird. Eine quantitative Beschreibung erhalten wir durch Integration der stationären Energiegleichung (Gl. (62a)):

$$F(z_o) = -\int_{z_o}^{\infty} Q_p^{(e)} \, dz \tag{73}$$

mit
$$F = -\kappa_e \sin^2 I \frac{\partial T_e}{\partial z}$$

der Vertikalkomponente des Wärmeflusses. $Q_p^{(e)}$ ergibt sich zu

$$Q_p^{(e)} = \int_0^\infty \left(\frac{d\phi}{dE}\right)\left(\frac{dE_{ee}}{dz}\right) dE . \qquad (74)$$

Hierin ist ϕ der Photoelektronen-Fluß im Energiebereich $E...E+dE$ und dE_{ee} der Energieverlust der Photoelektronen durch elastische Stöße mit thermischen Elektronen nach Durchqueren der vertikalen Distanz dz. Ein Ausdruck für dE_{ee} als Funktion von E und T_e wird von SWARTZ et al. [1971] angegeben.

Bei Kenntnis von $\phi(E)$ in der Exosphäre ist durch die Beziehungen (73) und (74) die obere Randbedingung für die Elektronen-Energiegleichung bestimmt. Tatsächlich aber ist $\phi(E)$ in der Exosphäre modellmäßig ebensowenig bekannt wie der nichtlokale Anteil von $Q_p^{(e)}$ in der Ionosphäre. Wir nehmen daher zunächst für $F(z_o)$ einen Erfahrungswert von $-5 \cdot 10^9$ eV cm^{-2} sec^{-1} an, den wir aber später durch einen Vergleich gemessener und berechneter Elektronentemperatur-Profile modifizieren werden.

Zur Gewinnung einer oberen Randbedingung für die Ionen-Energiegleichung können wir ausnutzen, daß mit zunehmender Höhe infolge der Wärmeübertragung durch Coulomb-Stöße die Ionentemperatur sich immer enger der Elektronentemperatur annähert. Durch den Wärmeleitungsterm wird verhindert, daß beide Temperaturen exakt gleich werden, doch nähern sich die Vertikalgradienten zunehmend an. Wir setzen daher als obere Randbedingung:

$$\left(\frac{\partial T_i}{\partial z}\right)_{z_o} = \left(\frac{\partial T_e}{\partial z}\right)_{z_o} \qquad (75)$$

Damit sind alle Randwerte definiert. Wir sind nun in der Lage, durch Anwendung des in Anhang B beschriebenen mathematischen Lösungsschemas die Kontinuitäts-, Bewegungs- und Energiegleichungen zu lösen.

3. Ergebnisse I: Das neue Atmosphärenmodell

3.1 Vorbemerkungen

In Abschnitt 2.14 und Anhang A wurden die Kontinuitäts- und Bewegungsgleichungen der drei Neutralgasbestandteile O_2, N_2 und O in der unteren Thermosphäre gelöst. Wir erhielten dadurch einen Zusammenhang zwischen $\delta_{dp} n(O_2)$, $\delta_{dp} n(N_2)$ einerseits und $\delta_{dp} n(O)$ andererseits (Gl. (35a, b)). Diese Größen beschreiben den Faktor, mit dem die jeweilige Teilchendichte in 125 km nach dem Jacchia'schen Atmosphärenmodell [JACCHIA, 1971] zu multiplizieren ist, wenn die Parameter d und p von ihren durch Gleichung (29) gegebenen Standardwerten abweichen. Es wurde ferner angegeben (Gl. (38)), wie bei einer Änderung der Neutralgaszusammensetzung gemäß (35a, b) die exosphärische Temperatur zu variieren ist, damit die Gesamtdichte des Jacchia-Modells, die eine gemessene Größe ist, erhalten bleibt. Wir haben damit einen Formalismus gewonnen, der es uns erlaubt, durch Veränderung nur eines Parameters, $\delta_{dp} n(O)$, die Neutralgaszusammensetzung und die Neutralgastemperatur zu verändern, ohne die Neutralgasdichte in dem für die Satelliten-Abbremsmethode zugänglichen Höhenbereich zu verändern.

In den Abschnitten 2.12 und 2.2 wurden die Bewegungsgleichungen des Neutralgases sowie die Kontinuitäts- und Energiegleichungen des Plasmas, die in sie eingehenden Parameter und ihre Randwerte diskutiert. Durch Anwendung des in Anhang B beschriebenen numerischen Lösungsschemas wurde hieraus ein Rechenprogramm erstellt, das bei Vorgabe einer gewissen Parameterkonstellation die Unbekannten $n(O_2^+)$, $n(N_2^+)$, $n(O^+)$, $n(H^+)$, $n(He^+)$, $n(NO^+)$, $n(N^+)$, v_{nx}, v_{ny}, T_e und T_i in Abhängigkeit von der Höhe und der Tageszeit liefert. Wir verfügen damit über ein Instrument, mit dessen Hilfe die Eigenschaften der Ionosphäre im Höhenbereich 125 - 1000 km weitgehend simuliert werden können. Dieses Instrument kann auf zweifache Weise eingesetzt werden:

- Zum einen als ein Mittel, mit dessen Hilfe die relative Bedeutung der verschiedenen Prozesse abgeschätzt werden kann, indem nacheinander jeweils einer dieser Prozesse unterdrückt wird oder bestimmende Parameter variiert werden, wobei dann durch Vergleich mit experimentell ermittelten Daten entschieden wird, welche der konkurrierenden Prozesse für die beobachteten Phänomene verantwortlich sind.

- Zum anderen als ein Meßinstrument, mit dessen Hilfe eine Kategorie von Daten, etwa Elektronendichten, in eine andere Kategorie, etwa Neutralgasdichten, überführt werden kann. Diese Art des Vorgehens wird jedoch nur in sehr speziellen Fällen sinnvoll und möglich sein. Sinnvoll nur dann, wenn die Ausgangsdaten in großer Zahl und mit hoher Genauigkeit vorliegen, während die Zieldaten mit direkten Meßmethoden nur schwierig und wenig genau bestimmbar sind. Möglich nur dann, wenn die Überführung der Ausgangsdaten in die Zieldaten eindeutig vorgenommen werden kann.

Wir wollen das vorliegende Rechenprogramm in beiden Arten verwenden, in Abschnitt 4 überwiegend in der ersten, in diesem Abschnitt in der zweiten.

Wie bereits ausgeführt, können wir im Rahmen des Jacchia-Modells, das von einer nahezu konstanten Neutralgaszusammensetzung in der unteren Thermosphäre ausgeht, die Jahreszeit- und Breitenabhängigkeit der Elektronendichte der F-Schicht nicht verstehen. Von verschiedenen Autoren konnte gezeigt werden, daß bei Zulassung einer Veränderung der Neutralgaszusammensetzung von Sommer zu Winter mit einem relativ höheren O-Anteil im Winter und O_2-Anteil im Sommer die Diskrepanz zwischen experimentell und theoretisch ermittelten Elektronendichten beseitigt werden kann. Direkte Messungen der Neutralgasdichten in der unteren Thermosphäre können nur mittels Raketen, insbesondere massenspektroskopisch, durchgeführt werden. Dieser Weg ist technisch und finanziell aufwendig. Entsprechend beschränkt ist die Zahl der verfügbaren Daten [von ZAHN, 1970]. Zudem sind Massenspektrometer für Messungen des atomaren Sauerstoffs nicht sehr gut geeignet, da ein Teil des hochreaktiven O durch Wandreaktionen verloren geht, bevor er nachgewiesen werden kann. Wir stehen damit vor der Tatsache, daß die für das Verständnis der ionosphärischen Eigenschaften entscheidenden Größen $n(O_2)$, $n(N_2)$ und $n(O)$ in der unteren Thermosphäre nur in sehr beschränkter Anzahl und mit geringer Genauigkeit vorliegen.

Auf der anderen Seite verfügen wir über eine große Zahl von Elektronendichteprofilen bis hinauf zum Maximum der F-Schicht, die durch Bodenbeobachtungen gewonnen wurden [BECKER, 1955] und eine vergleichsweise hohe Genauigkeit aufweisen. Wir befinden uns damit in einer Situation, die ideal für den Einsatz des Rechenprogramms als Meßinstrument geeignet ist. Als Ausgangsdaten dienen die Elektronendichteprofile in Abhängigkeit von der Jahreszeit und geographischen Breite, als Zieldaten die O-Dichten der unteren Thermosphäre in derselben Abhängigkeit und, daraus resultierend, die O_2- und N_2-Dichten sowie die exosphärischen Temperaturen.

Es bleibt zu prüfen, wie eindeutig die Ausgangsdaten in die Zieldaten überführt werden können. Die Elektronendichte im oberen Teil der F-Schicht, der sog. F2-Schicht, wird durch Photoionisation, chemische Verluste durch die Reaktionen $O^+ + O_2$ und $O^+ + N_2$ und durch Transportvorgänge, hervorgerufen durch Neutralgaswinde, bestimmt. Außer durch die Neutralgasteilchendichten n_k hängen die Photoproduktionsraten P_j über eine einfache geometrische Gesetzmäßigkeit und die chemischen Verlustraten L_j über die Neutralgastemperatur von der Jahreszeit und der geographischen Breite ab. Wie wir jedoch in 2.23 und Anhang D sahen, ist die Temperaturabhängigkeit der Reaktionskonstanten $k_r(3,1)$ und $k_r(3,2)$

vernachlässigbar. Damit lassen sich die Jahreszeit- und Breitenabhängigkeiten der P_j und L_j eindeutig durch die entsprechenden Abhängigkeiten der gesuchten n_k darstellen.

Die Neutralgasgeschwindigkeiten dagegen hängen nichtseparierbar von verschiedenen Parametern, u. a. von den Teilchendichten, ab. Neutralgaswinde beeinflussen primär die Höhe der F2-Schicht, gemessen durch h_mF2, die Höhe des Maximums der F2-Schicht. Äquatorwärts gerichtete Winde schieben das Plasma an den magnetischen Feldlinien entlang nach oben, polwärts gerichtete nach unten. Eine Änderung von h_mF2 führt zu einer Änderung in N_mF2, der Elektronendichte im F2-Schicht-Maximum, da die Verlustraten L_j mit zunehmender Höhe abnehmen. Da die Berechnung der Winde auf dem verwendeten Neutralgasmodell basiert, dessen Verbesserung wir hier anstreben, können wir nicht davon ausgehen, daß die Jahreszeit- und Breitenabhängigkeit von h_mF2 richtig reproduziert wird. Damit aber wird unser Bemühen hinfällig, durch Anpassung berechneter Elektronendichtewerte, repräsentiert durch N_mF2, an gemessene zu einer Bestimmung der Neutralgasteilchendichten zu gelangen.

Als Ausweg aus dieser Schwierigkeit bietet sich an, die Winde nicht zu berechnen, sondern sie so zu spezifizieren, daß h_mF2 quantitativ reproduziert wird. Diesen Weg wollen wir im folgenden einschlagen. Dazu setzen wir in Erfüllung der Randbedingungen (66) und (67) das Windprofil an als

$$\underline{v}_n(z) = \underline{v}_n(\infty) \frac{T_n(z) - T_n(125)}{T_\infty - T_n(125)} \tag{76}$$

Die Verknüpfung mit der Neutralgastemperatur drückt keinen physikalischen Zusammenhang aus. Sie stellt lediglich sicher, daß $\underline{v}_n(125) = 0$ und $(\partial \underline{v}_n/\partial z)_{z_0} = 0$ wird und gewährleistet zusätzlich eine realistische Beschreibung der Höhenabhängigkeit der Windgeschwindigkeit im Bereich der F-Schicht. Wir können uns darauf beschränken, (76) auf die Komponente $v_{n\xi}$ (in Richtung magnetisch Süd) anzuwenden, da nur diese Komponente das Elektronendichteprofil beeinflußt.

Damit ist die praktische Prozedur vorgezeichnet: Wir bestimmen zunächst $v_{n\xi}$ so, daß der gemessene h_mF2-Wert theoretisch reproduziert wird. Anschließend wählen wir $\delta_{dp}n(O)$ so, daß auch die experimentellen und theoretischen N_mF2-Werte übereinstimmen. Dadurch gelangen wir zu einer Bestimmung der Teilchendichten $n(O_2)$, $n(N_2)$, $n(O)$, der exosphärischen Neutralgastemperatur T_∞ und der Komponente $v_{n\xi}$ der Neutralgasgeschwindigkeit. Tatsächlich lassen sich h_mF2 und N_mF2 nicht unabhängig voneinander anpassen, da die Neutralgasdichten nicht nur N_mF2, sondern auch h_mF2 beeinflussen. Wir müssen die zweifache Anpassung durch einen Iterationsprozeß herbeiführen. Es zeigt sich, daß die Zahl der Iterationsschritte beträchtlich vermindert werden kann, wenn für den Anfangsschritt die approximativen Beziehungen für N_mF2 und h_mF2 nach RISBETH [1968] herangezogen werden.

Als Datenmaterial stehen die Ergebnisse von WRIGHT [1962] für die Stationen Puerto Rico ($\varphi = 18.5°$), Grand Bahama ($\varphi = 26.7°$), White Sands ($\varphi = 32.4°$), Fort Monmouth (40.2°), St. Johns ($\varphi = 47.5°$) und Adak ($\varphi = 51.9°$) und die Jahre 1959/60 sowie die Ergebnisse von BECKER [1967] für die Station Lindau ($\varphi = 51.6°$) und die Jahre 1958/59 und 1963/64 zur Verfügung. Die Jahre 1958 - 1960 sind gekennzeichnet durch eine hohe Sonnenaktivität ($F_{10.7} \approx 225$), die Jahre 1963 und 1964 durch eine niedrige Sonnenaktivität ($F_{10.7} \approx 80$). Da die Neutralgaszusammensetzung in der unteren Thermosphäre praktisch keine Tageszeitabhängigkeit aufweist [SHIMAZAKI und LAIRD, 1972], können wir die Anpassung der theoretischen Ergebnisse an die experimentellen auf eine bestimmte Tageszeit beschränken. Die Ergebnisse von BECKER [1967] beziehen sich ohnehin nur auf die Mittagsstunden, so daß wir gezwungen sind, die Anpassung jeweils für 12^{00} Ortszeit vorzunehmen. Eine weitere Reduzierung des beträchtlichen Rechenaufwandes läßt sich dadurch erreichen, daß nicht die Ergebnisse einzelner Tage, sondern Monatsmittelwerte herangezogen werden.

3.2 Gewinnung des neuen Atmosphärenmodells

Die Abbildungen 10 - 16 zeigen für sieben Stationen der Nordhalbkugel und die Jahre 1959/60 bzw. 1958/59 den Vergleich der gemessenen und berechneten N_mF2- und h_mF2-Mittagswerte sowie die daraus gewonnenen Größen $\delta_{dp}n_k$, $v_{n\xi}$ und T_∞. Außerdem ist jeweils der solare Aktivitätsindex $F_{10.7}$ für die einzelnen Monate angegeben. Die in den Bildunterschriften verwendeten Symbole bedeuten: φ_G die geographische Breite, φ_M die geomagnetische Breite und I die Inklination des Erdmagnetfeldes.

Für Puerto Rico, die südlichste der Stationen (Abb. 10), zeigt N_mF2 einen reinen Halbjahresgang mit Maxima in den Äquinoktien. Mit zunehmender geographischer Breite tritt verstärkt eine ganzjährige Komponente hinzu. In höheren Breiten schließlich überwiegt der Ganzjahresgang mit einem Maximum im Winter und einem Minimum im Sommer.

Dagegen zeigt h_mF2 für Puerto Rico einen reinen Ganzjahresgang mit einem Maximum im Sommer und einem Minimum im Winter. Mit zunehmender Breite wird der Jahresgang schwächer. Gleichzeitig überlagern sich unregelmäßige Schwankungen, aus denen sich für höhere Breiten zusätzliche Maxima in den Äquinoktien herausheben.

Die Genauigkeit der Anpassung der theoretischen Werte (durchgezogene Kurven) an die experimentellen (Punkte) ist sehr hoch. Für N_mF2 ist die Anpassung nahezu fehlerfrei, für h_mF2 beträgt die maximale Abweichung 10 km. Eine weitere Verbesserung ist möglich, jedoch ist gerade für die letzte Feinanpassung ein hoher Rechenaufwand erforderlich.

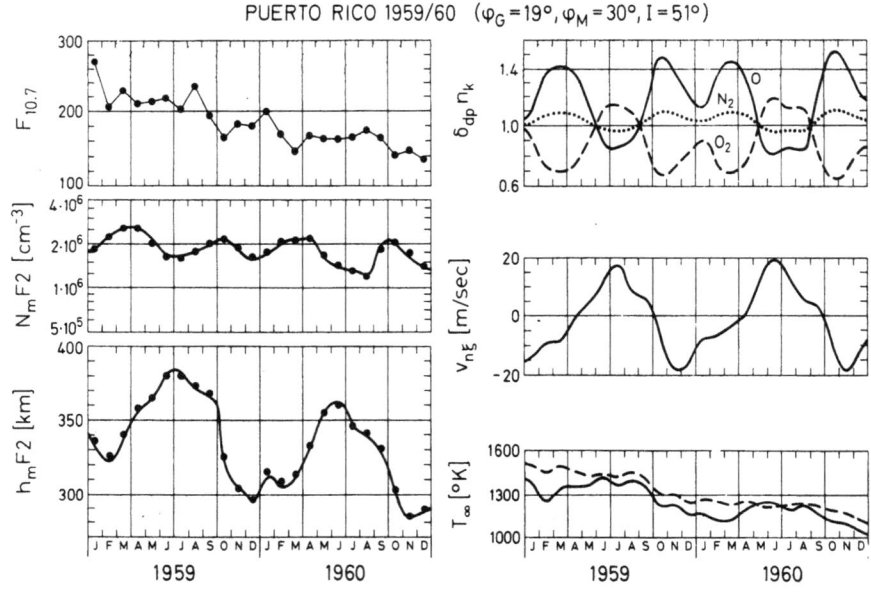

Abb. 10: Puerto Rico 1959/60. Links oben: Monatsmittelwerte des solaren Aktivitätsindex $F_{10.7}$. Links Mitte: Experimentelle (•) und theoretische (—) Monatsmittelwerte von N_mF2, der Elektronenkonzentration im F2-Schicht-Maximum. Links unten: Experimentelle (•) und theoretische (—) Monatsmittelwerte von h_mF2, der Höhe des F2-Schicht-Maximums. Rechts oben: Faktoren $\delta_{dp}n_k$ für k = 1 (O_2), k = 2 (N_2) und k = 3 (O). Mit diesen Faktoren sind die entsprechenden Teilchendichten in 125 km Höhe nach dem Jacchia-Modell zu multiplizieren. Rechts Mitte: Windgeschwindigkeit entlang der Projektion der Magnetfeldlinie auf den Erdboden, positiv nach Süden gerichtet. Rechts unten: Exosphärische Temperatur T_∞ nach Jacchia (---) und dieser Arbeit (—).

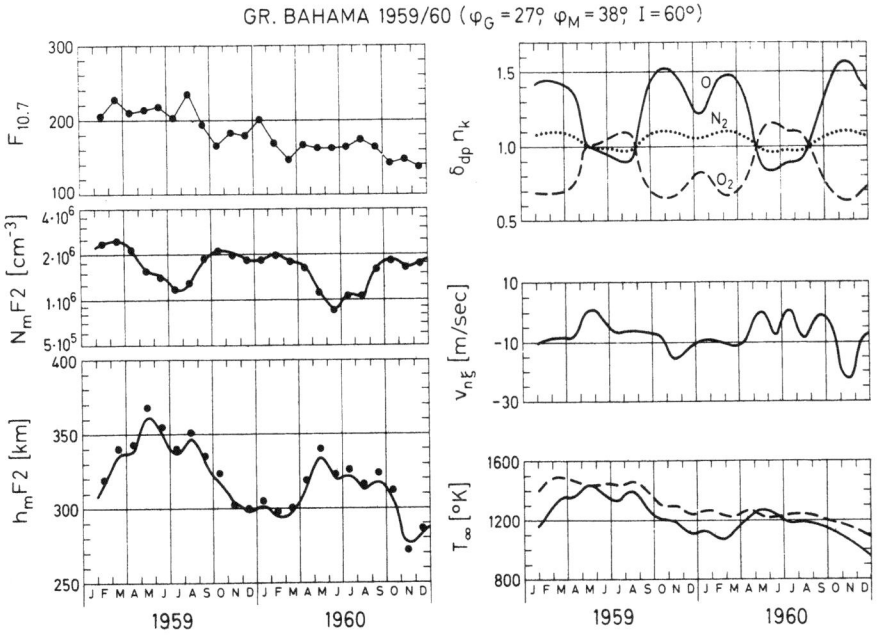

Abb. 11: Grand Bahama 1959/60. Text wie Abb. 10

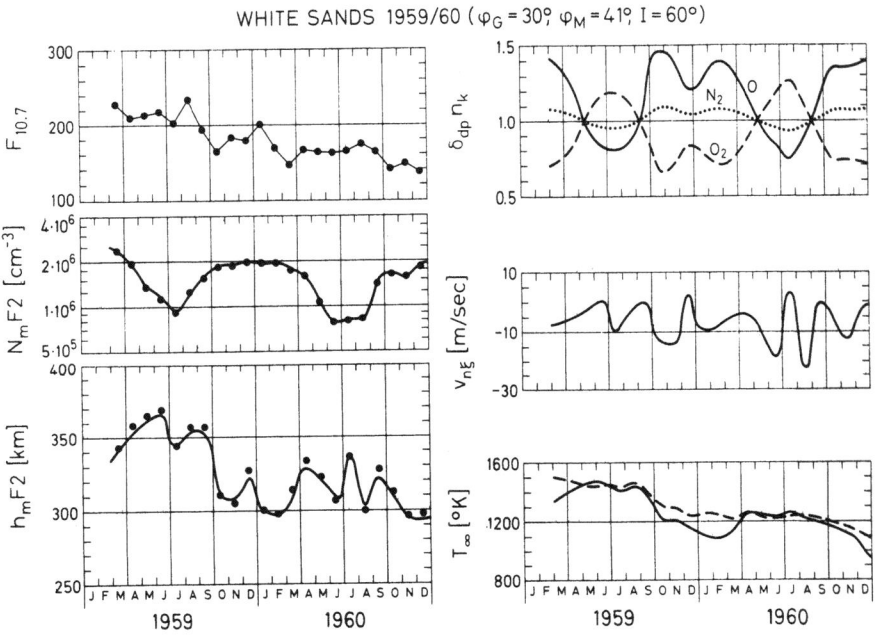

Abb. 12: White Sands 1959/60. Text wie Abb. 10

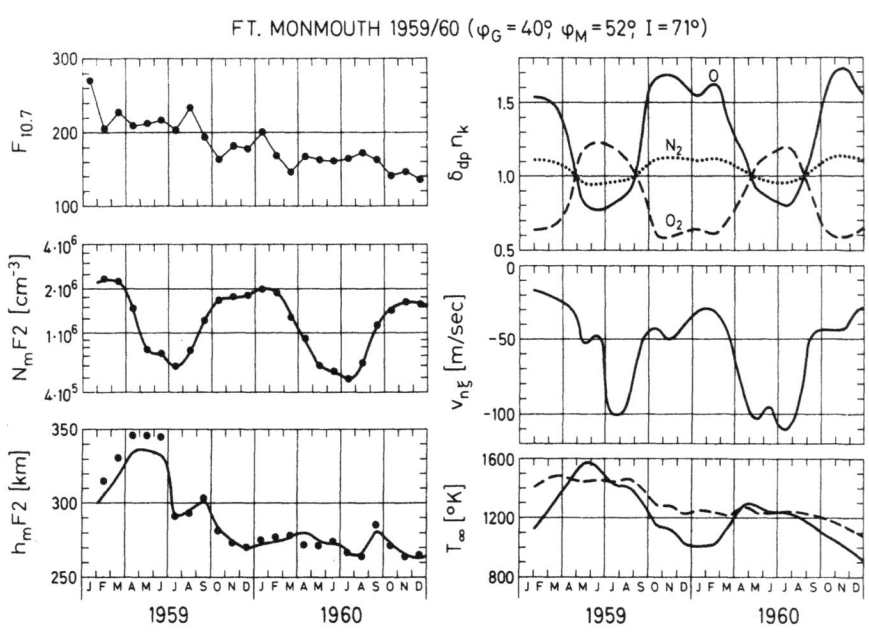

Abb. 13: Ft. Monmouth 1959/60. Text wie Abb. 10

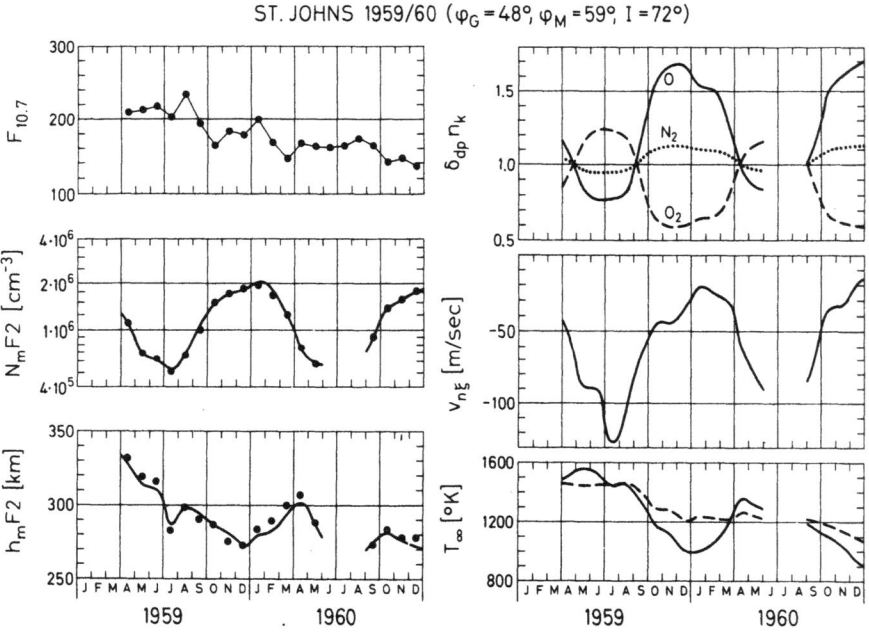

Abb. 14: St. Johns 1959/60. Text wie Abb. 10

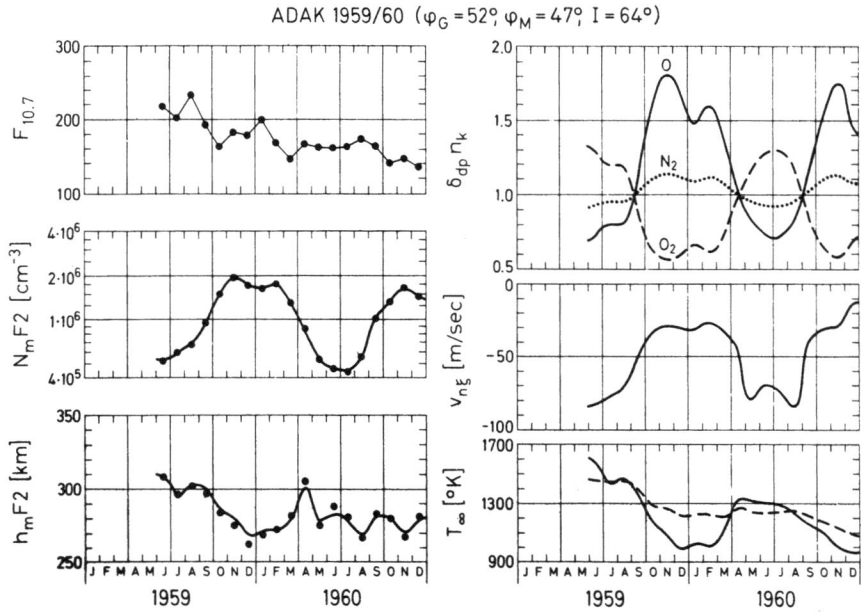

Abb. 15: Adak 1959/60. Text wie Abb. 10

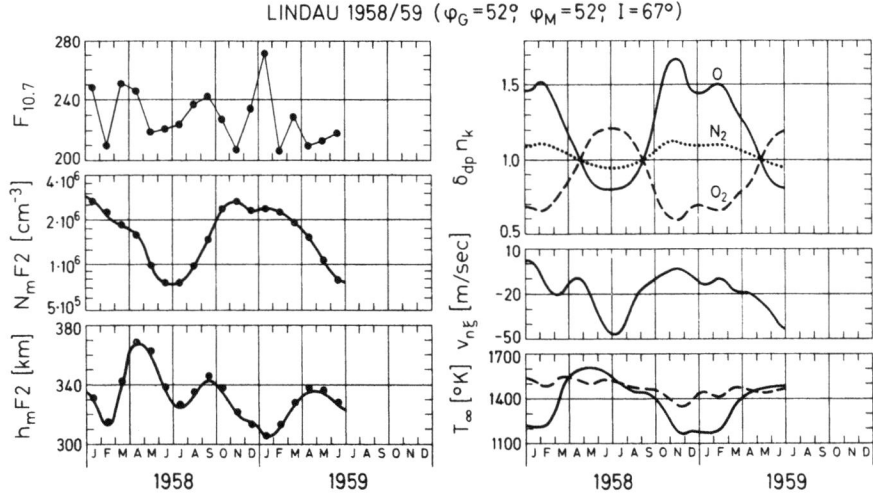

Abb. 16: Lindau 1958/59. Text wie Abb. 10

Die Jahreszeitabhängigkeit der Faktoren $\delta_{dp} n_k$ spiegelt die kombinierte Jahreszeitabhängigkeit von $N_m F2$ und $h_m F2$ wider. Für ein festes $N_m F2$ ist $\delta_{dp} n(O)$ um so größer, je größer $N_m F2$ ist, während für ein festes $N_m F2$ $\delta_{dp} n(O)$ um so größer ist, je kleiner $h_m F2$ ist. Dadurch ist es möglich, daß die Jahreszeitabhängigkeit der $\delta_{dp} n_k$ ein bemerkenswert konsistentes Bild für die verschiedenen Breiten zeigt, obwohl die Daten, aus denen die $\delta_{dp} n_k$ hergeleitet wurden, jeweils starke Veränderungen mit der Breite aufweisen. Wir erkennen, daß $\delta_{dp} n(O)$ für alle Stationen Maxima in den Äquinoktien und Minima in den Solstitien besitzt. Das Frühjahrsmaximum ist etwas stärker ausgeprägt als das Herbstmaximum. Von den beiden Minima ist das Sommerminimum bei weitem stärker ausgebildet als das Winterminimum. Die Breitenabhängigkeit von $\delta_{dp} n(O)$ äußert sich im wesentlichen darin, daß das Winterminimum mit abnehmender Breite tiefer wird und die Maxima in den Äquinoktien mit zunehmender Breite zum Winter hin versetzt sind. Die unregelmäßigen Schwankungen in $h_m F2$, die besonders für Gr. Bahama und White Sands (Abb. 11 und 12) deutlich werden, finden keinen Niederschlag in den $\delta_{dp} n_k$, sondern werden voll in der Windgeschwindigkeit sichtbar. Hieraus können wir folgern, daß das dynamische System, welches die Ursache für die jahreszeitlichen Veränderungen der Neutralgaszusammensetzung darstellt, einen trägen und regulären Charakter hat.

Die Windgeschwindigkeit $v_{n\xi}$ hat für Puerto Rico eine klar ausgeprägte ganzjährige Periode mit einer Amplitude von etwa 20 m/sec und dem Mittelwert Null. Das Maximum liegt im Sommer. Mit ansteigender geographischer Breite verschwindet zunächst der erkennbare Jahresgang. $v_{n\xi}$ schwankt regellos um den Mittelwert - 10 m/sec. Mit weiter ansteigender Breite bildet sich wieder eine klare Jahreszeitabhängigkeit mit dominierender ganzjähriger Periode heraus, doch liegt nun das Maximum im Winter. Beim Übergang von niederen in höhere Breiten findet also ein Phasensprung um $180°$ statt. Außerdem besteht die Tendenz, daß die Amplitude zu höheren Breiten hin zunimmt und der Mittelwert abnimmt. Dieses Verhalten ist jedoch nicht ganz klar ausgeprägt, vermutlich deshalb, weil $v_{n\xi}$ sowohl von der geographischen Breite als auch von der Inklination (bzw. der geomagnetischen Breite) abhängt.

Die exosphärische Temperatur T_∞ zeigt deutlich zwei Variationen. Sie folgt einerseits dem Verlauf von $F_{10.7}$ und besitzt andererseits eine Jahreszeitabhängigkeit. Diese ist für höhere Breiten weit stärker ausgeprägt als für niedere Breiten. Zum Vergleich sind die Temperaturen angegeben, die aus dem Jacchia'schen Modell folgen (gestrichelte Kurven). Sie zeigen im Gegensatz zu unserem Ergebnis praktisch keinen Jahresgang, ein Verhalten, das weder theoretisch verständlich noch experimentell bestätigt ist [CHANDRA und STUBBE, 1971; HEDIN et al., 1972]. Gerade darin, daß die hier gefundenen Temperaturen sich im Gegensatz zu den Jacchia'schen Temperaturen den theoretischen Vorstellungen und den experimentellen Ergebnissen entsprechend verhalten, liegt eine wesentliche Bestätigung für das in dieser Arbeit vorgelegte Konzept.

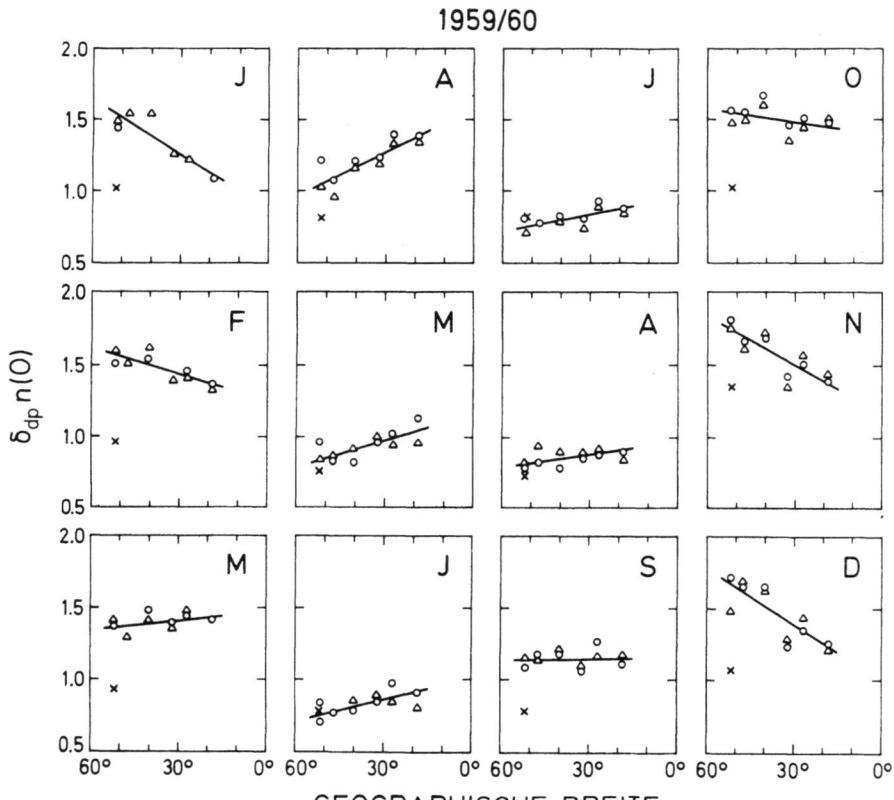

Abb. 17: Übersicht über die $\delta_{dp} n(O)$-Werte der Jahre 1959/60 (hohe Sonnenaktivität). Die durchgezogenen Kurven stellen Regressionsgeraden dar. Zum Vergleich sind die Ergebnisse für Lindau 1963/64 (niedrige Sonnenaktivität) angegeben.

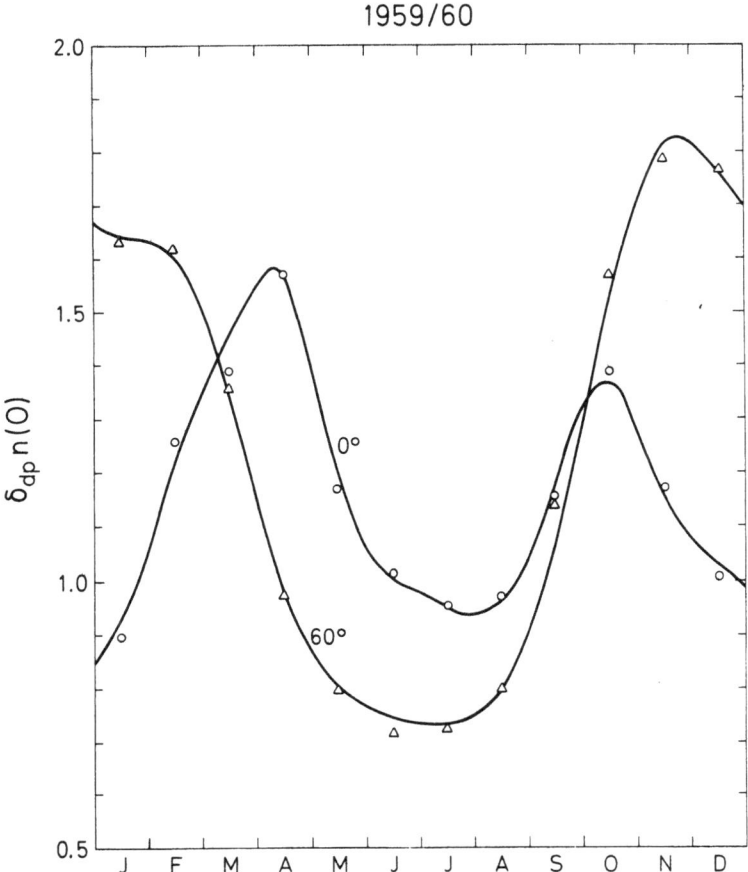

Abb. 18: Endpunkte der Regressionsgeraden aus Abb. 17 für $\varphi = 0°$ und $\varphi = 60°$ als Funktion der Jahreszeit. Die durchgezogenen Kurven sind analytische Approximationen.

In Abbildung 17 ist $\delta_{dp}n(O)$ für die einzelnen Monate der Jahre 1959/60 in Abhängigkeit von der geographischen Breite zusammenfassend dargestellt. Wir sehen, daß die Ergebnisse für 1959 und 1960 nahezu identisch sind. Ebenso würden sich die Ergebnisse für Lindau 1958 in dieses Bild einfügen. Wir erkennen somit, daß $\delta_{dp}n(O)$ für $F_{10.7}$ zwischen 150 und 250 nicht von $F_{10.7}$ abhängt. Dieses gibt uns die Möglichkeit, $\delta_{dp}n(O)$ in Abhängigkeit von φ und d (Zahl der Tage seit Jahresbeginn) für $F_{10.7} > 150$ modellmäßig zu beschreiben. Zu diesem Zweck stellen wir zunächst die Ergebnisse der einzelnen Monate durch Regressionsgeraden dar.

Abbildung 18 zeigt die jeweils zwölf Endpunkte der Regressionsgeraden für $\varphi = 0°$ und $\varphi = 60°$ in Abhängigkeit von der Jahreszeit. Der nächste Schritt besteht nun darin, zwei analytische Beziehungen anzugeben, durch die die beiden Punktfolgen beschrieben werden. Durch sukzessive Anpassung wurden die beiden Ausdrücke

$$F(0°) = 1.17 - (0.41 - 0.16 \tfrac{d}{365}) \cos(4\pi \tfrac{d}{365} - 0.69) \qquad (77a)$$
$$+ (0.33 - 0.28 \tfrac{d}{365}) \sin(4\pi \tfrac{d}{365})$$
$$+ 0.16 \exp\left\{-(\tfrac{d-105}{20})^2\right\} + 0.07 \exp\left\{-(\tfrac{d-180}{20})^2\right\}$$
$$- 0.18 \exp\left\{-(\tfrac{d-240}{30})^2\right\} - 0.13 \exp\left\{-(\tfrac{d-320}{25})^2\right\}$$

$$F(60°) = 1.35 - 0.22 \tfrac{d}{365} - 0.19 \sin(2\pi \tfrac{d}{365} - 0.24) \qquad (77b)$$
$$+ (0.4 + 0.23 \tfrac{d}{365}) \cos(2\pi \tfrac{d}{365})$$
$$- \left\{0.06 + 0.03 \left[\cos(2\pi \tfrac{d}{365}) + 1\right]\right\} \cos(6\pi \tfrac{d}{365})$$
$$+ 0.09 \exp\left\{-(\tfrac{d-135}{36})^2\right\} - 0.06 \exp\left\{-(\tfrac{d-225}{36})^2\right\}$$

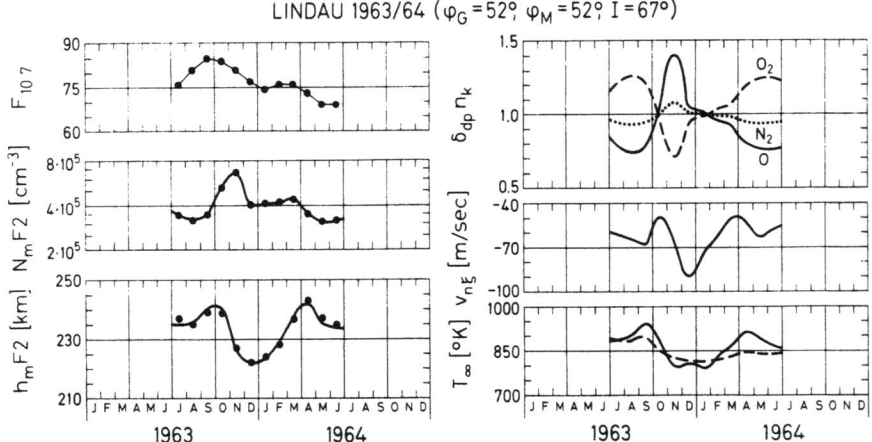

Abb. 19: Lindau 1963/64. Text wie Abb. 10

gewonnen, aus denen sich $\delta_{dp}n(O)$ zu

$$\delta_{dp}n(O) = F(0°) + (F(60°) - F(0°))\frac{\varphi}{60} \qquad \text{für } F_{10.7} > 150 \qquad (78)$$

ergibt. Die Genauigkeit dieser Darstellung entspricht der Streuung der Einzelpunkte um die Regressionsgeraden in Abb. 17. Sie liegt damit bei etwa ± 0.1.

Für niedrige Sonnenaktivität stehen uns nur die Lindauer Ergebnisse für 1963/64 zur Verfügung (Abb. 19). Die $\delta_{dp}n(O)$-Werte aus Abb. 19 sind in Abb. 17 durch Kreuze dargestellt. Wir sehen, daß während der Wintermonate eine starke Abhängigkeit von $F_{10.7}$ besteht, die zum Sommer hin verschwindet. Dieses ist ein Ausdruck für die Tatsache, daß die Jahreszeitabhängigkeit der Elektronendichte während hoher Sonnenaktivität überwiegend durch einen Ganzjahresgang mit einem Maximum im Winter, während niedriger dagegen überwiegend durch einen Halbjahresgang mit Maxima in den Äquinoktien charakterisiert ist.

Die Ergebnisse für Lindau 1963/64 allein reichen nicht aus, um unser durch die Gleichungen (77a, b) und (78) beschriebenes Atmosphärenmodell für mittlere und niedrige Sonnenaktivität zu komplettieren. Zusätzliche Information erhalten wir aus den in Abschnitt 4 diskutierten Raketen- und Incoherent-Backscatter-Ergebnissen. Dadurch gelangen wir zu folgender Darstellung für niedrige Sonnenaktivität:

$$\delta_{dp}n(O) = G(0°) + (G(60°) - G(0°))\frac{\varphi}{60} \qquad \text{für } F_{10.7} = 70 \qquad (79)$$

mit

$$G(0°) = 1.13 - 0.18 \cos(4\pi \frac{d}{365}) + 0.10 \exp\left\{-(\frac{d-347}{31})^2\right\} \qquad (80a)$$
$$+ 0.07 \exp\left\{-(\frac{d-38}{50})^2\right\} - 0.17 \exp\left\{-(\frac{d-238}{34})^2\right\}$$

$$G(60°) = 0.89 + 0.25 \cos(2\pi \frac{d}{365} + 0.77) + 0.16 \exp\left\{-(\frac{d-110}{54})^2\right\} \qquad (80b)$$
$$+ 0.09 \exp\left\{-(\frac{d-326}{21})^2\right\} - 0.18 \exp\left\{-(\frac{d-259}{36})^2\right\}$$

Für den Übergang von niedriger zu hoher Sonnenaktivität erhalten wir:

$$\delta_{dp}n(O) = (\delta_{dp}n(O))_{max} - \left[(\delta_{dp}n(O))_{max} - (\delta_{dp}n(O))_{min}\right] \exp\left\{-0.025(F_{10.7} - 70)\right\} \quad (81)$$

wobei $(\delta_{dp}n(O))_{max}$ bzw. $(\delta_{dp}n(O))_{min}$ den Formelwert nach Gl. (78) bzw. (79) bezeichnet.

Die Beziehungen (79) bis (81) basieren auf einem weitaus geringeren Datenmaterial als die Beziehungen (77) und (78) und sind entsprechend weniger gut fundiert. Um zu einem Atmosphärenmodell zu kommen, das für den gesamten $F_{10.7}$-Bereich den gleichen Aussagewert besitzt, wäre es nötig, für niedrige und mittlere Sonnenaktivität ein Datenmaterial bereitzustellen, das dem in den Abbildungen 10 - 16 gezeigten entspricht. Ferner wäre es wünschenswert, wenn durch Auswertung von Stationen der südlichen Hemisphäre eine entsprechende Erweiterung des hier vorgelegten Modells möglich würde.

Es sei noch einmal kurz die praktische Anwendung des neuen Atmosphärenmodells beschrieben:

1. $\delta_{dp}n(O)$ wird nach Gl. (81) zu vorgegebenem d, φ und $F_{10.7}$ bestimmt.
2. Hieraus werden $\delta_{dp}n(O_2)$ und $\delta_{dp}n(N_2)$ nach Gl. (35a, b) ermittelt.
3. ΔT_N und ΔT_D werden nach Gl. (38) errechnet. Aus den neuen T_N- und T_D-Werten ergibt sich die neue exosphärische Temperatur T_∞ in Abhängigkeit von der Tageszeit durch Gl. (24).
4. Aus Gl. (20) erhalten wir das zum neuen T_∞ gehörende Temperaturprofil.
5. Hieraus sowie aus den mit $\delta_{dp}n_k$ multiplizierten Teilchendichten in 125 km nach Gl. (19a, b, c) ergeben sich mit (18) die Teilchendichteprofile der Neutralgasbestandteile O_2, N_2 und O.

Dieses Modell geht ebenso wie das Jacchia'sche Modell von der Vorstellung aus, daß oberhalb von 125 km Diffusionsgleichgewicht besteht. Ist diese Voraussetzung nicht erfüllt, so verlieren die $n_k(125)$ ihre unmittelbare physikalische Bedeutung. Sie sind dann nur noch Hilfsgrößen, die vermittels (18) die Teilchendichten im Höhenbereich der F2-Schicht richtig beschreiben.

Wesentliche Züge unseres Modells werden durch neuere Messungen mit dem Satelliten OGO-6 [HEDIN et al., 1972] bestätigt. Insbesondere zeigen diese Messungen in Übereinstimmung mit unseren Ergebnissen für höhere Breiten eine Temperaturdifferenz von 400° zwischen Sommer und Winter sowie eine Zunahme der O-Konzentration um den Faktor 2 von Sommer zu Winter.

Wichtige Schlüsse über die Ursachen der jahreszeitlichen Variation von N_mF2, die in Abb. 20 für vier Stationen und die Jahre 1958 (hohe Sonnenaktivität) und 1964 (niedrige Sonnenaktivität) dargestellt ist, lassen sich aus den $v_{n\xi}$-Werten ziehen. In Abbildung 21 sind die $v_{n\xi}$-Ergebnisse für die Jahre 1959/60 und 1963/64 zusammengestellt. Wir sehen, daß in mittleren und höheren Breiten $v_{n\xi}$ für hohe Sonnenaktivität in den Sommer-

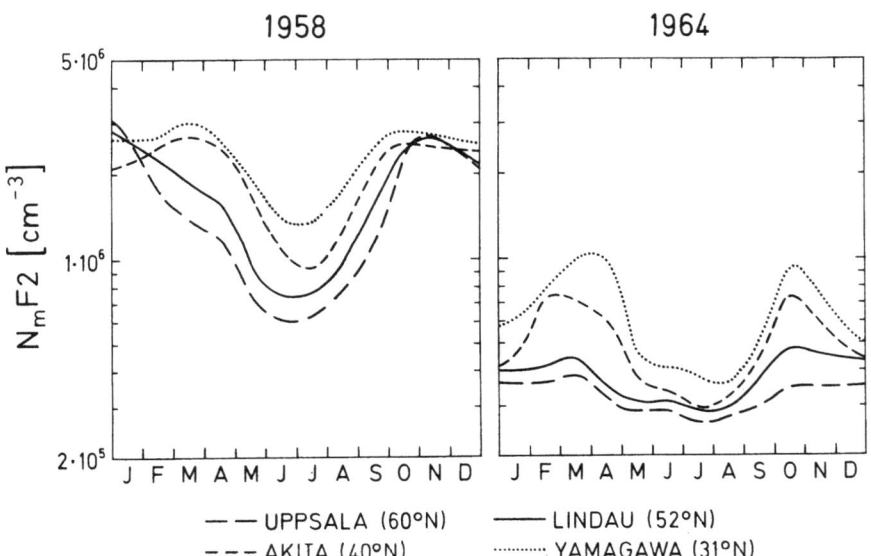

Abb. 20: N_mF2 in Abhängigkeit von der Jahreszeit für vier Stationen und jeweils ein Jahr hoher Sonnenaktivität (1958) und niedriger Sonnenaktivität (1964).

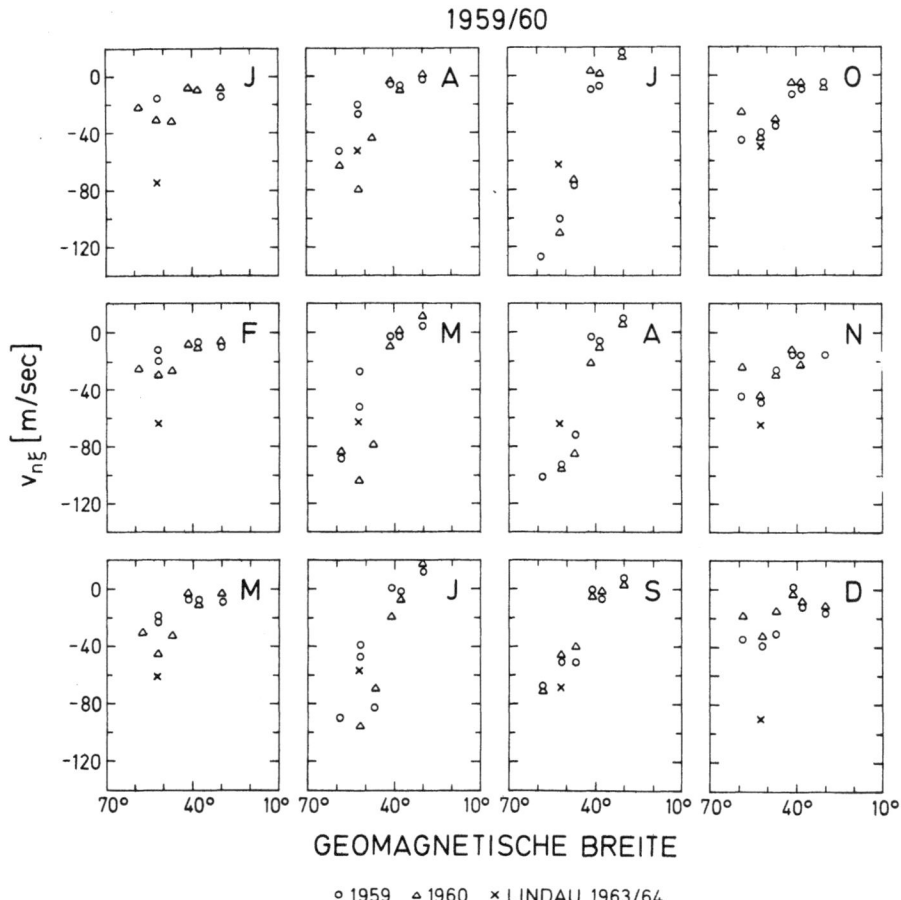

Abb. 21: Übersicht über die $v_{n\xi}$-Werte der Jahre 1959/60 (hohe Sonnenaktivität). Zum Vergleich sind die Ergebnisse für Lindau 1963/64 (niedrige Sonnenaktivität) angegeben.

monaten große negative Werte annimmt. Da polwärts gerichtete Winde zu einer Depression der F-Schicht führen, wird somit während der Sommermonate N_mF2 außer durch eine Erhöhung des O_2/O-Verhältnisses durch Winde erniedrigt. Für niedrige Sonnenaktivität dagegen ist kein klar ausgeprägter Jahresgang in $v_{n\xi}$ erkennbar. Entsprechend geringer ist das Verhältnis $(N_mF2)_{Winter}/N_mF2_{Sommer}$ (s. Abb. 20, rechter Teil). Damit ergibt sich folgende Erklärung für die sog. Sommer-Winter-Anomalie der F-Schicht: Der auf Grund einfacher photochemischer Betrachtungen zu erwartende Anstieg der Elektronendichte vom Winter zum Sommer wird durch eine Änderung der Neutralgaszusammensetzung - mit einem relativ höheren O_2-Anteil im Sommer und O-Anteil im Winter - unterdrückt und umgekehrt. Zusätzlich wird im Sommer die Elektronendichte durch polwärts gerichtete Neutralgaswinde erniedrigt. Dieser Effekt verschwindet mit abnehmender Sonnenaktivität. Infolgedessen ist die Sommer-Winter-Anomalie im Sonnenfleckenmaximum stärker ausgeprägt als im Sonnenfleckenminimum.

4. Ergebnisse II: Vergleich gemessener und berechneter Bestimmungsgrößen der Ionosphäre

Wir haben in der Einleitung festgestellt, daß die Eigenschaften der Ionosphäre durch eine Reihe von Parametern bestimmt werden. Vier der wichtigsten Parameter, die Teilchendichten $n(O_2)$, $n(N_2)$ und $n(O)$ sowie die exosphärische Neutralgastemperatur T_∞, haben wir im vorigen Abschnitt systematisch diskutiert und modellmäßig approximiert. Es verbleibt nun zu prüfen, wie sich dieses Modell sowie die anderen in Abschnitt 2 angegebenen Parameter bei einem Vergleich gemessener und berechneter Bestimmungsgrößen der Ionosphäre bewähren.

4.1 Tagesgänge von N_mF2 und h_mF2

Zunächst wollen wir uns der Frage zuwenden, inwieweit das neue Atmosphärenmodell die Tagesgänge von N_mF2 und h_mF2 zu erklären vermag, wenn die Windgeschwindigkeit nicht vorgegeben, sondern als Lösung der Bewegungsgleichung berechnet wird, wobei neben den Teilchendichten und der Temperatur auch die horizontalen Druckgradienten dem neuen Modell entnommen werden. Die Abbildungen 22 - 27 zeigen für die Stationen Adak ($\varphi = 51.9°$), Ft. Monmouth ($\varphi = 40.2°$) und Puerto Rico ($\varphi = 18.5°$) sowie die Monate Dezember 1959 und Juni 1959 den Vergleich der experimentell und theoretisch ermittelten Tagesgänge von N_mF2 und h_mF2. Die theoretischen Berechnungen wurden sowohl auf der Basis des neuen Atmosphärenmodells (durchgezogene Kurven) als auch des Jacchia-Modells (gestrichelte Kurven) durchgeführt.

Für den Dezember 1959 liefert das neue Modell für Adak und Ft. Monmouth in h_mF2 und N_mF2 die weitaus bessere Übereinstimmung, während für Puerto Rico beide Modelle zu beträchtlichen Fehlern im nächtlichen h_mF2-Verlauf führen. Für den Juni 1959 dagegen ist das neue Modell lediglich besser in der Beschreibung von N_mF2, während das Jacchia-Modell die besseren h_mF2-Werte ergibt.

Wenn auch insgesamt gesehen mit dem neuen Modell die besseren Resultate erzielt werden, so kann doch nicht übersehen werden, daß es nicht den zu stellenden Anforderungen genügt. Der Grund, warum das neue Modell bei der Beschreibung der tageszeitlichen Variationen der F-Schicht nahezu ebenso versagt wie das Jacchia-

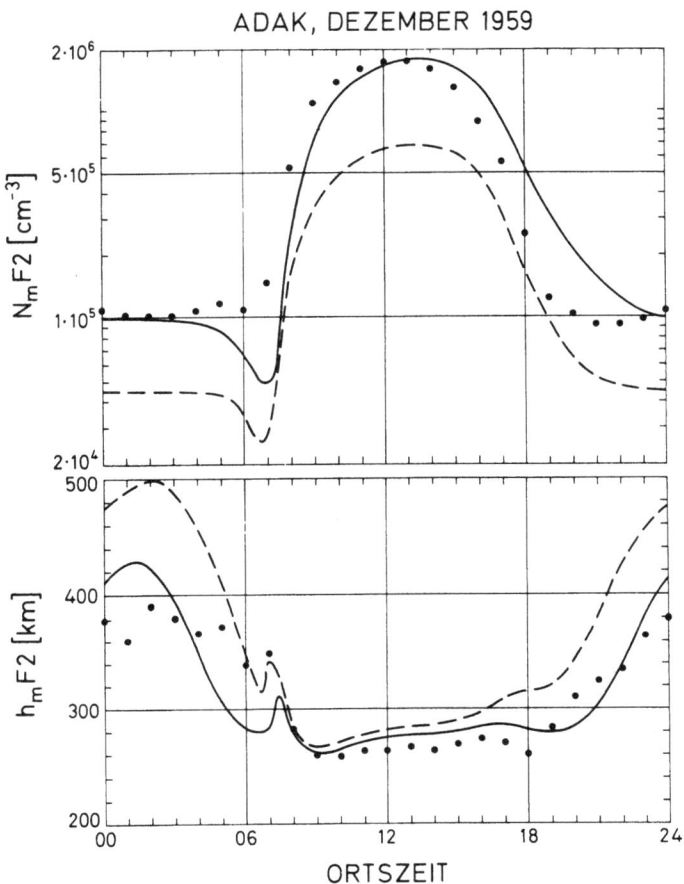

Abb. 22: Adak, Dezember 1959. Monatsmittelwerte von N_mF2 und h_mF2 als Funktion der Tageszeit. Punkte: Experimentelle Werte. Durchgezogene Kurven: Theoretische Werte nach dem neuen Atmosphärenmodell. Gestrichelte Kurven: Theoretische Werte nach dem Jacchia-71-Modell.

Modell, liegt offenbar darin, daß die aus ihm gewonnenen horizontalen Druckgradienten nicht hinreichend genau sind, um das Neutralgas-Windsystem und damit h_mF2 quantitativ zu beschreiben. Diese Feststellung kann nicht überraschen, denn wir haben ja unser Modell durch die Beziehung (38) so an das Jacchia-Modell gekoppelt, daß im Höhenbereich der F-Schicht die Gesamtdichten beider Modelle übereinstimmen. Wenn auch das Jacchia-Modell die mit der Satelliten-Abbremsmethode gewonnenen Neutralgasdichten mit hoher Genauigkeit darstellt, so können dennoch beträchtliche Fehler im Druckgradienten auftreten, da dieser eine differentielle Größe ist. Weicht beispielsweise die Dichte in 350 km am Äquator um +10%, am Pol um -10% vom tatsächlichen Wert ab, so ist der dadurch erzeugte Fehler des Druckgradienten etwa von gleicher Größe wie der Druckgradient selbst. Es ist verständlich, daß bei diesen extrem hohen Genauigkeitsanforderungen an das Neutralgasmodell Fehler in der Windgeschwindigkeit unvermeidlich sind.

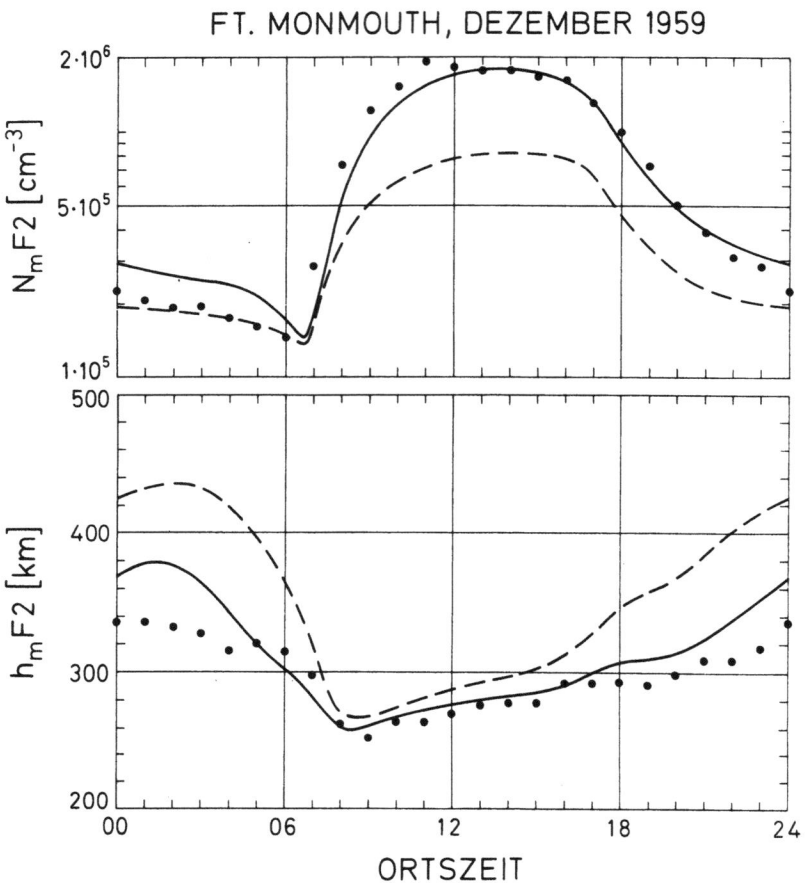

Abb. 23: Ft. Monmouth, Dezember 1959. Text wie Abb. 22

4.1

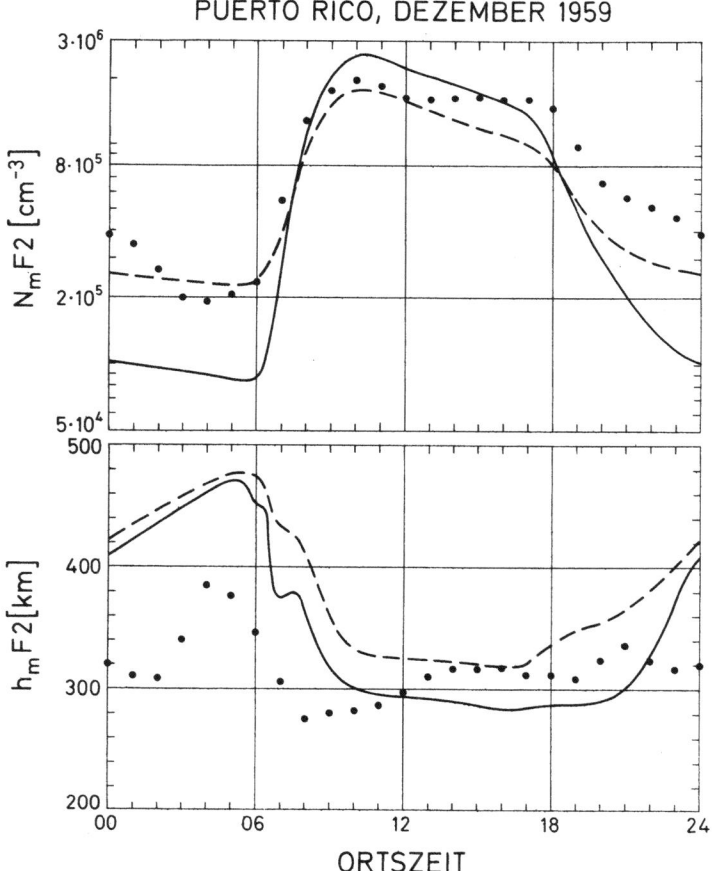

Abb. 24: Puerto Rico, Dezember 1959. Text wie Abb. 22

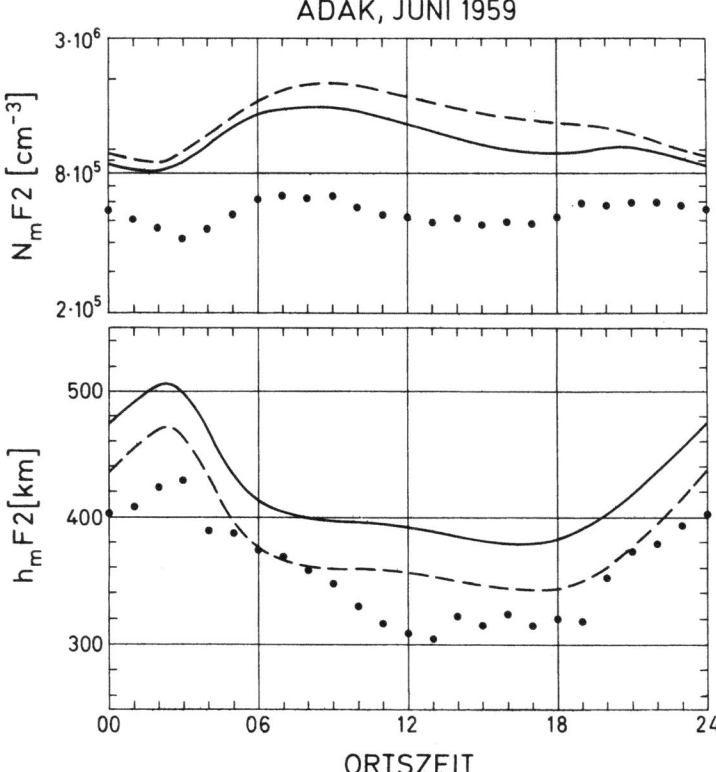

Abb. 25: Adak, Juni 1959. Text wie Abb. 22

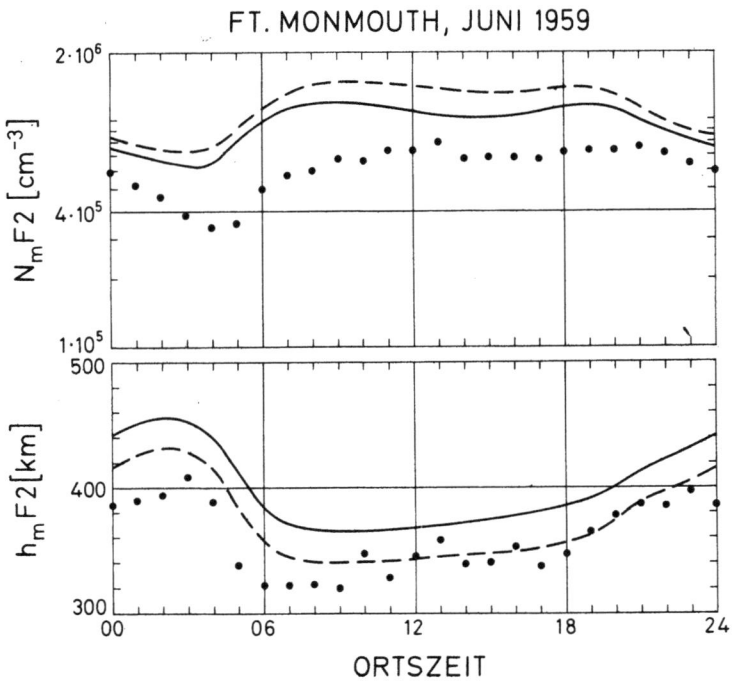

Abb. 26: Ft. Monmouth, Juni 1959. Text wie Abb. 22

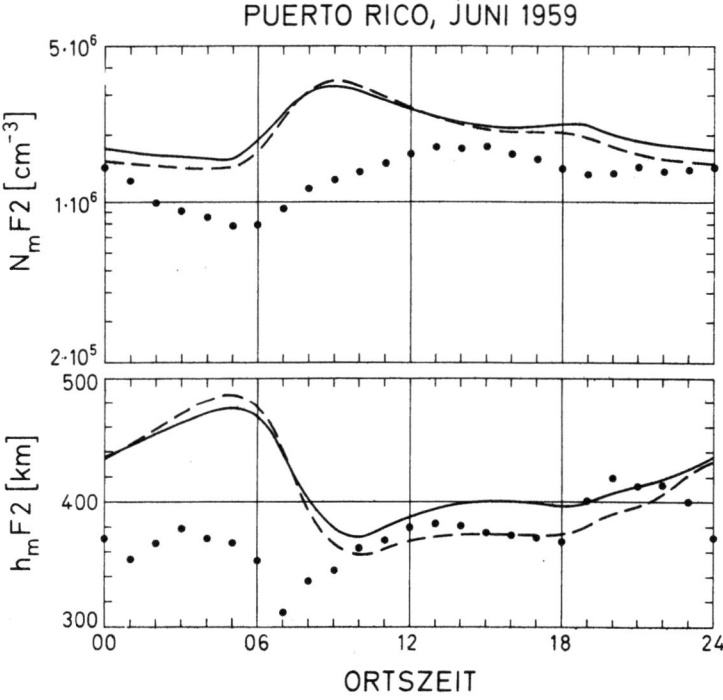

Abb. 27: Puerto Rico, Juni 1959. Text wie Abb. 22

Wir wollen daher prüfen, wie der Vergleich der gemessenen und berechneten N_mF2-Verläufe ausfällt, wenn die Windgeschwindigkeit nicht berechnet, sondern so vorgegeben wird, daß die h_mF2-Werte übereinstimmen. Die geeignete Vorgabe der tageszeitabhängigen $v_{n\xi}$-Werte erfordert einen sehr hohen Rechenaufwand, da viele Iterationsschritte nötig sind. Daher beschränken wir uns auf zwei Stationen, Adak und Puerto Rico. Die Ergebnisse sind in den Abbildungen 28 - 32 dargestellt. Zum Vergleich sind die N_mF2- und h_mF2-Verläufe gezeigt, wie sie sich bei Anwendung des Jacchia-Modells ergeben (gestrichelte Kurven). Wir erhalten nun, insbesondere in den Tagesstunden, eine erheblich verbesserte Übereinstimmung in N_mF2. Eine sehr gute Übereinstimmung ergibt sich auch in der Zeitkonstante des N_mF2-Abfalls in der zweiten Nachthälfte, erkennbar am Parallelverlauf der experimentellen und theoretischen N_mF2-Werte. Dieses ist ein Ausdruck dafür, daß die für den Abfall der Elektronendichte verantwortlichen Ver-

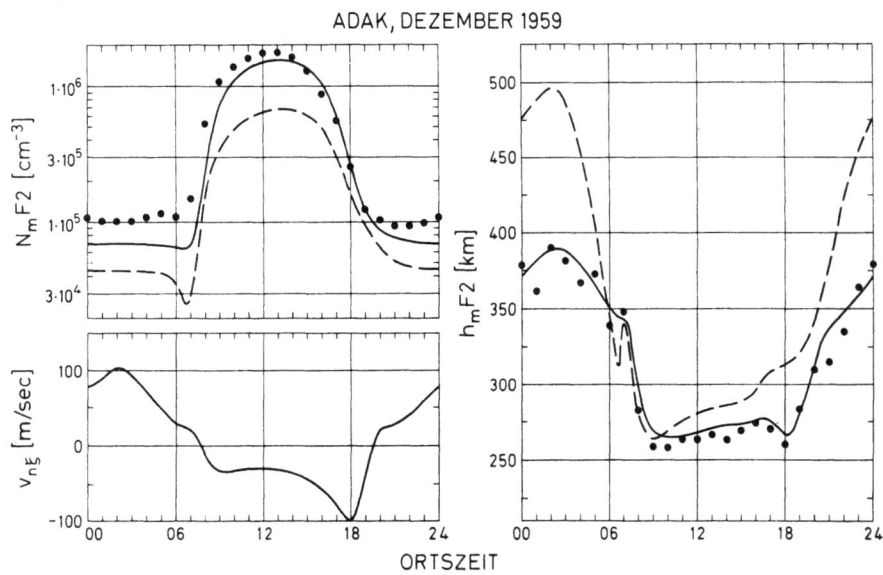

Abb. 28: Adak, Dezember 1959. Monatsmittelwerte von N_mF2, h_mF2 und $v_{n\xi}$, der Windgeschwindigkeit entlang der Projektion der Magnetfeldlinie auf den Erdboden, positiv nach Süden gerichtet. Punkte: Experimentelle Werte. Durchgezogenen Kurven: Theoretische Werte nach dem neuen Atmosphärenmodell. Gestrichelte Kurven: Theoretische Werte nach dem Jacchia-71-Modell.

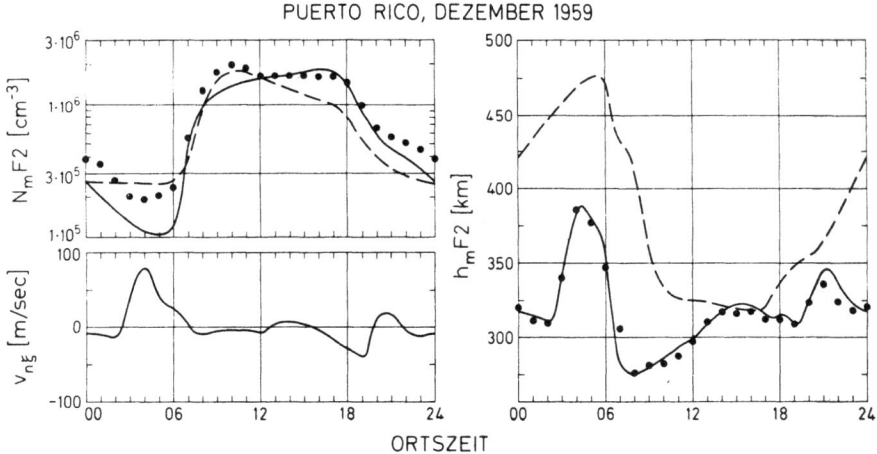

Abb. 29: Puerto Rico, Dezember 1959. Text wie Abb. 28

lustraten, d.h. insbesondere die Reaktionskonstanten $k_r(3,1)$ und $k_r(3,2)$ sowie die Teilchendichten $n(O_2)$ und $n(N_2)$, richtig angesetzt sind. Weniger gut dagegen ist die Übereinstimmung in den nächtlichen Absolutwerten von N_mF2. Diese Nichtübereinstimmung hat ihren Ausgangspunkt in allen Fällen in den frühen Abendstunden, ein Hinweis darauf, daß der abendliche Abwärtsfluß nach Gl. (70) zu klein ist. Hierfür sind zwei Gründe denkbar. Zum einen könnte durch (70) der Fluß generell unterschätzt werden, zum anderen könnte die theoretische Elektronentemperatur am Tage zu niedrig sein, so daß auch ihr Abfall am Abend und damit der abwärts gerichtete Teilchenfluß zu gering wird. Tatsächlich werden wir in Abschnitt 4.3 sehen, daß die theoretischen T_e-Werte niedriger ausfallen als die gemessenen. Experimentelle Flußwerte in der Sonnenuntergangsperiode liegen bei -2 bis $-4 \cdot 10^8 \text{ cm}^{-2} \text{ sec}^{-1}$ [CARPENTER und BOWHILL, 1971]. Durch Ansetzen eines Flusses dieser Größenordnung verschwindet die Diskrepanz zwischen den experimentellen und theoretischen nächtlichen N_mF2-Werten.

Gravierender ist das Problem, das sich für Adak Juni 1959, oder allgemein für mittlere und höhere Breiten im Sommer, zeigt. Wir ersehen aus Abb. 30, daß hier nicht nur ein Sonnenuntergangsproblem, sondern zusätzlich ein Sonnenaufgangsproblem existiert: Die theoretische N_mF2-Kurve fällt nach Sonnenuntergang zu steil ab und steigt nach Sonnenaufgang zu steil an. Es ist schwer feststellbar, ob das gleiche Sonnenaufgangsproblem auch zu anderen Jahreszeiten besteht, da der morgendliche Anstieg in N_mF2 dann zu steil ist, um kleinere Diskrepanzen zwischen den experimentellen und theoretischen Verläufen erkennen zu lassen. Es liegt nahe, als Grund für das Sonnenaufgangs- und -untergangsproblem wiederum eine falsche Fluß-Spezifikation anzusehen. Wir wollen daher durch iteratives Vorgehen den Fluß so bestimmen,

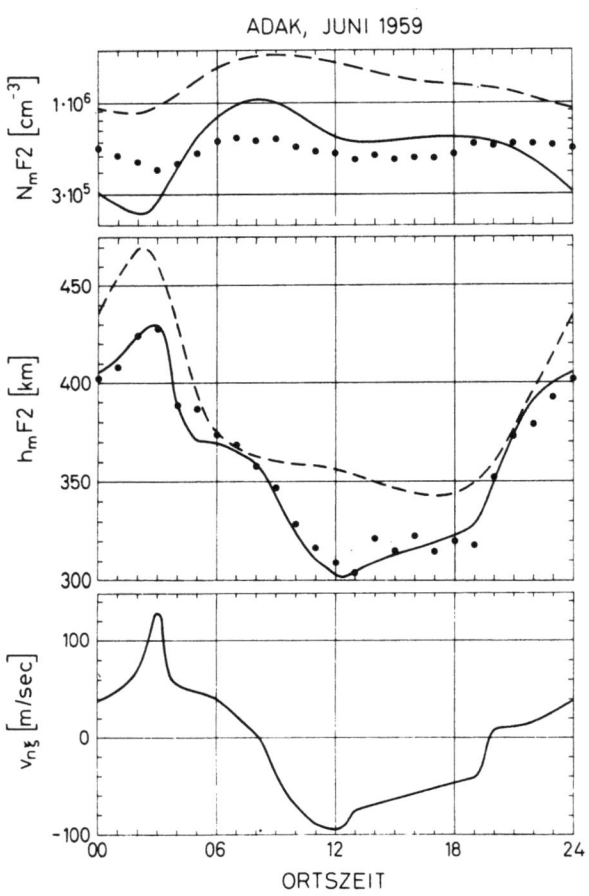

Abb. 30: Adak, Juni 1959. Text wie Abb. 28

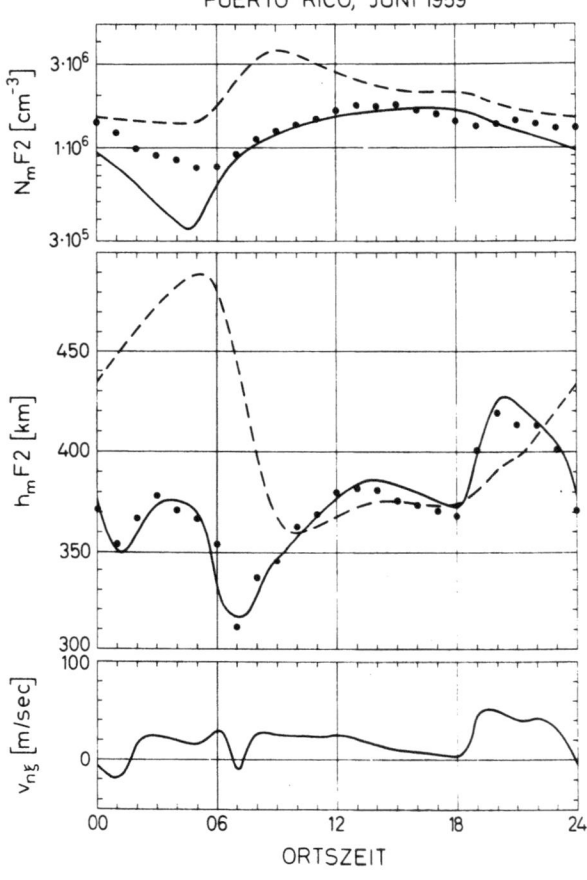

Abb. 31: Puerto Rico, Juni 1959. Text wie Abb. 28

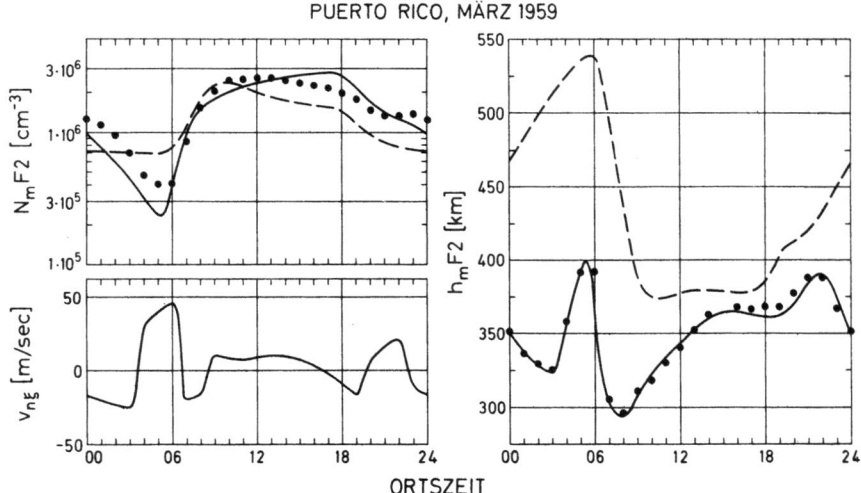

Abb. 32: Puerto Rico, März 1959. Text wie Abb. 28.

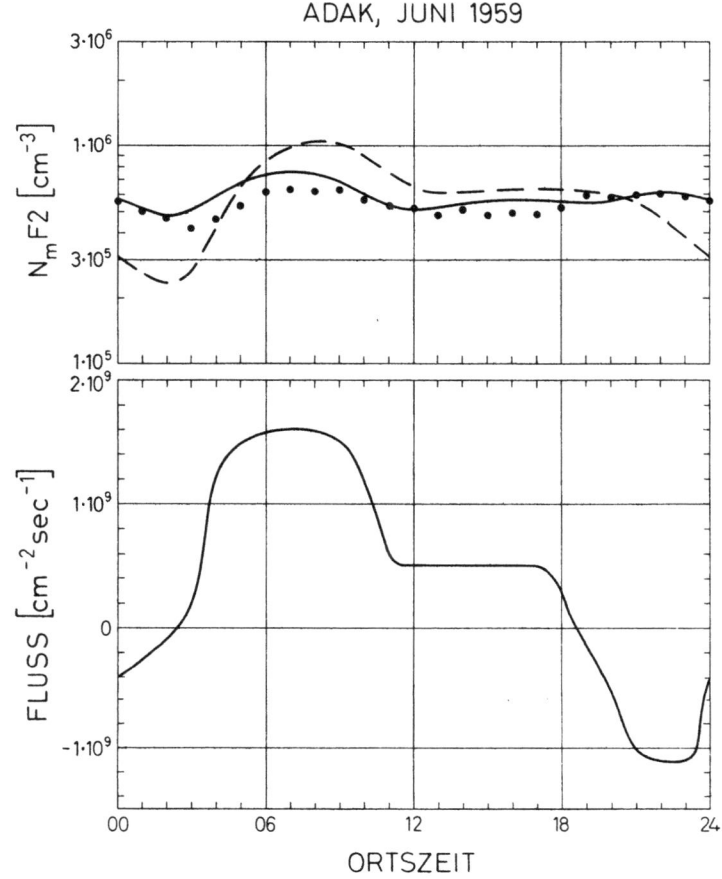

Abb. 33: Adak, Juni 1959. Oben: N_mF2 als Funktion der Tageszeit. Punkte: Experimentelle Werte. Durchgezogene Kurve: Theoretische Werte mit angepaßtem Teilchenfluß. Gestrichelte Kurve: Theoretische Werte ohne angepaßten Fluß (identisch mit der durchgezogenen Kurve in Abb. 30). Unten: Teilchenfluß am oberen Rand (1000 km), der erforderlich ist, um eine ungefähre Übereinstimmung der experimentellen und theoretischen N_mF2-Werte zu erzielen.

daß Übereinstimmung zwischen den experimentellen und theoretischen N_mF2-Werten hergestellt wird. Das Ergebnis dieser Rechnung ist in Abb. 33 dargestellt. Wie wir Abb. 33 entnehmen, ist in den Morgenstunden ein Aufwärtsfluß von etwa $1.6 \cdot 10^9$ cm^{-2} sec^{-1} mit einer Wirkungsdauer von 5 Stunden sowie in den Abendstunden ein Abwärtsfluß von $-1.1 \cdot 10^9$ cm^{-2} sec^{-1} mit einer Wirkungsdauer von 2 - 3 Stunden erforderlich. Übereinstimmung mit gemessenen Flüssen [CARPENTER und BOWHILL, 1971] besteht insofern, als auch die experimentellen Daten einen morgendlichen Aufwärtsfluß und einen abendlichen Abwärtsfluß zeigen; jedoch sind diese sowohl in der Amplitude als auch in der Wirkungsdauer erheblich geringer. Die Incoherent-Backscatter-Methode, mit der die Meßwerte gewonnen wurden, erfaßt nur den O^+-Anteil des Flusses [EVANS, 1971]. Es müßte demnach zunächst geprüft werden, ob die experimentellen Flußwerte durch Erfassung des H^+-Anteils wesentlich erhöht würden. Ferner sollte untersucht werden, ob nicht entgegen bestehenden Vorstellungen die Möglichkeit einer tageszeitlichen Variation der Neutralgaszusammensetzung gegeben ist. Ein Versuch in dieser Richtung wird gegenwärtig von BHATNAGAR und STUBBE unternommen.

Eine Lösung des Sommerproblems, wie es in den Abbildungen 25 und 33 zum Ausdruck kommt, wurde in früheren Arbeiten im Bereich der dynamischen Prozesse gesucht. KOHL et al. [1968] bzw. RÜSTER und DUDENEY [1972] konnten durch eine Phasenverschiebung im Tagesgang der Windgeschwindigkeit bzw. durch approximative Berücksichtigung des nichtlinearen Terms in der Neutralgas-Bewegungsgleichung den morgendlichen N_mF2-Anstieg dämpfen. In dieser Arbeit nun ist die Windgeschwindigkeit zur Anpassung der h_mF2-Werte vorgegeben. Die verbleibenden Diskrepanzen in N_mF2 lassen sich daher nicht durch dynamische Prozesse erklären.

Zusammenfassend können wir für diesen Abschnitt folgendes feststellen: Das neue Atmosphärenmodell ergibt eine insgesamt gesehen sehr befriedigende Übereinstimmung zwischen gemessenen und theoretisch ermittelten Elektronendichten, wenn die Windgeschwindigkeit so bestimmt wird, daß die theoretischen h_mF2-Werte an die experimentellen angepaßt sind. Diese Aussage ist gleichbedeutend damit, daß das neue Modell die photochemischen Aspekte der F-Schicht-Theorie richtig beschreibt und insbesondere Phänomene wie die Sommer-Winter-Anomalie beinhaltet. Abweichungen im N_m-Verlauf treten in den Abendstunden auf und bleiben, da keine Teilchenproduktion vorhanden ist, während der Nacht unverändert bestehen. Zur Beseitigung dieser Abweichungen wird es nötig sein, die Fluß-Randbedingungen in den O^+- und H^+-Kontinuitätsgleichungen realistischer anzusetzen. Diese Aufgabe sollte in naher Zukunft lösbar sein, zumal Incoherent-Backscatter-Messungen des O^+-Flusses vorliegen. Das Sommerproblem der Ionosphäre in mittleren und höheren Breiten hingegen wird aller Voraussicht nach erheblich größere Schwierigkeiten bereiten, da sich eine natürliche Erklärung nicht anbietet. Mehrere Möglichkeiten werden zu prüfen sein, von denen zwei im vorangegangenen Absatz angedeutet wurden.

Das zentrale Problem jedoch, das vor einem quantitativen Verstehen der ionosphärischen Eigenschaften gelöst werden muß, liegt in einer Verbesserung des Atmosphärenmodells mit dem Ziel, nicht nur die Teilchendichten und die Temperatur, sondern auch deren Horizontalgradienten mit hoher Genauigkeit zu beschreiben. Wie wir sahen, braucht hierzu die Kopplung unseres Modells an das Jacchia-Modell über die Gesamtdichte nur geringfügig gelockert zu werden. Praktisch wird man dabei so vorgehen, daß man nicht direkt die Windgeschwindigkeit vorgibt, die zur Reproduktion der gemessenen h_mF2-Werte benötigt wird, sondern den Druckgradienten, der über die Lösung der Bewegungsgleichung die geforderte Windgeschwindigkeit ergibt. Damit ein solches Vorhaben zu einem globalen Modell führen kann, müßte das verfügbare Datenmaterial beträchtlich erweitert werden.

4.2 Elektronentemperatur

Die Elektronentemperatur ist integraler Bestandteil unseres theoretischen Ionosphärenmodells. Sie ist eine der Größen, die die Diffusionsgeschwindigkeit des Plasmas bestimmen (Gl. (47), (48)), und sie legt durch ihre zeitlichen Variationen die oberen Randbedingungen für die Ionenkontinuitätsgleichungen (Gl. (70)) fest. Wir wollen uns in diesem Abschnitt mit dem Vergleich gemessener und theoretisch ermittelter T_e-Profile befassen.

Experimentelle Daten, gewonnen mit der Incoherent-Backscatter-Technik, stehen für die Stationen Arecibo (Puerto Rico, $\varphi = 18.5°$) und Millstone ($\varphi = 42.6°$) zur Verfügung. Die Ergebnisse des Vergleichs sind in den Abbildungen 34 - 37 zusammengefaßt. Die experimentellen Werte sind für Puerto Rico durch Punkte, für Millstone durch dickgezeichnete Kurven dargestellt. Sie beziehen sich für Puerto Rico auf 3 Zeitpunkte im Intervall 13 - 15 Uhr, für Millstone genau auf 14 Uhr. Die Abbildungen 34 und 35 zeigen neben den experimentellen T_e-Werten und dem zum Vergleich angegebenen T_n-Profil sechs unter verschiedenen Bedingungen gewonnene T_e-Profile. Kurve 1 gilt für die Parameterzusammenstellung, wie sie in Abschnitt 2.24 beschrieben wurde: ε, der Quotient aus Wärme- zu Teilchenproduktion ("heating efficiency"), ist gleich dem von SWARTZ und NISBET [1972] gegebenen Ausdruck (63b), hier ε_s genannt. Der abwärts gerichtete Wärmefluß am oberen Rand beträgt $5 \cdot 10^9$ eV cm^{-2} sec^{-1}. Wir sehen,

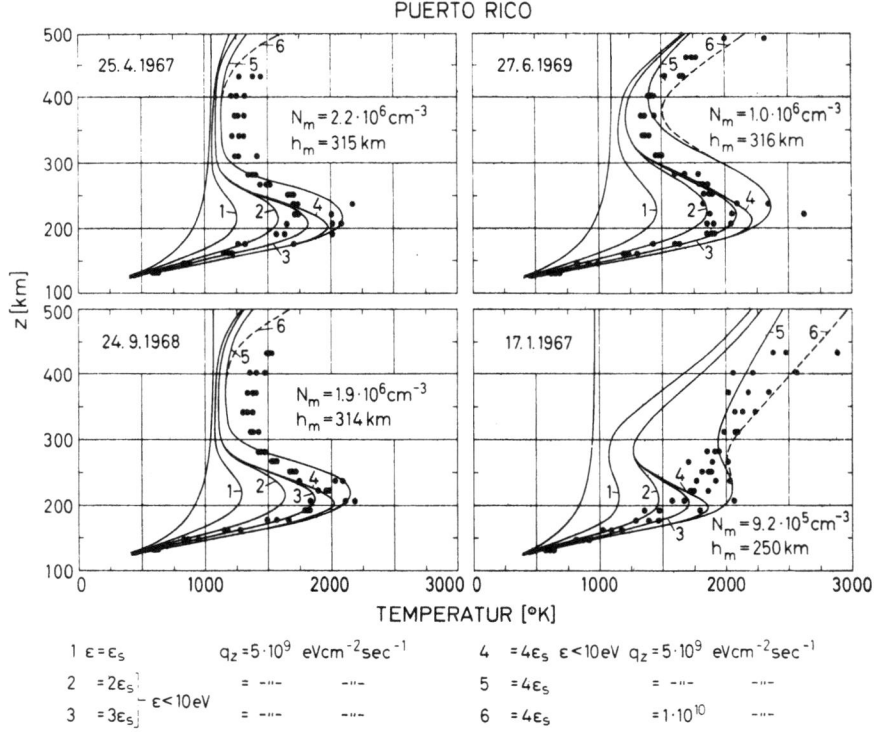

Abb. 34: Vergleich gemessener und berechneter Elektronentemperaturprofile für Puerto Rico, vier Jahreszeiten, jeweils 14.00. Punkte: Experimentelle Werte aus dem Zeitintervall 13.00 - 15.00. Unnumerierte Kurve: Neutralgastemperatur. Kurve 1: T_e mit den in 2.24 angegebenen Parametern. Kurve 2: Wie 1, jedoch $\varepsilon = 2\varepsilon_s$, durch 10 eV begrenzt. Kurve 3: Wie 1, jedoch $\varepsilon = 3\varepsilon_s$, durch 10 eV begrenzt. Kurve 4: Wie 1, jedoch $\varepsilon = 4\varepsilon_s$, durch 10 eV begrenzt. Kurve 5: Wie 1, jedoch $\varepsilon = 4\varepsilon_s$ unbegrenzt. Kurve 6: Wie 5, jedoch Wärmefluß am oberen Rand von $5 \cdot 10^9$ auf $1 \cdot 10^{10}$ eV cm^{-2} sec^{-1} erhöht.

daß T_e nach Kurve 1 für beide Stationen und alle vier Jahreszeiten weit unter den experimentellen Werten liegt. Wie wir in Abschnitt 2.24 sahen, ist ε mit einer erheblichen Unsicherheit behaftet, insbesondere wegen der Vernachlässigung der in den angeregten Neutralgaszuständen gespeicherten Energie. Wir erhöhen daher ε der Reihe nach um den Faktor 2,3 und 4. Hierbei begrenzen wir jedoch ε durch 10 eV, entsprechend der mittleren Energie der Primär-Photoelektronen, die nach DALGARNO et al. [1963] bei 10 bis 20 eV liegt. In Kurve 5 ist diese Begrenzung aufgehoben, wodurch ε-Werte bis zu 24 eV zugelassen werden. In Kurve 6 schließlich wird zusätzlich der vertikale Wärmefluß q_z auf $1 \cdot 10^{10}$ eV cm^{-2} sec^{-1} verändert. Die Profile 2 bis 4 stellen gegenüber 1 eine deutliche Verbesserung dar, doch fällt infolge der ε-Begrenzung durch 10 eV die Elektronentemperatur oberhalb von 200 km zu steil ab. Das Profil 5 dagegen beschreibt den T_e-Verlauf oberhalb von 200 km sehr viel realistischer, insbesondere bei niedrigen Elektronendichten (Puerto Rico Sommer und Winter; Millstone Sommer, Herbst und Winter).

Die Elektronentemperatur wird maßgeblich durch die Elektronendichte bestimmt. Je größer n_e, um so kleiner die effektive Wärmezufuhr, da diese sich auf entsprechend mehr Elektronen verteilt, und um so größer der Wärmeverlust durch e-i-Stöße, der insbesondere in der Umgebung des F-Schicht-Maximums dominiert. Bei hohen Elektronendichten schnürt sich daher im Bereich 300 - 400 km die Elektronentemperatur ein, wobei durch das entstehende Tal zwei thermisch nahezu ungekoppelte Gebiete entstehen, von denen das obere durch Wärmeleitung, das untere durch Wärmeproduktion und -verlust bestimmt wird. Entsprechend dieser qualitativen Beschreibung erkennen wir in Abb. 34 und 35, daß durch die Erhöhung des Wärmeflusses am oberen Rand (Kurve 6) bei niedriger Elektronendichte das gesamte T_e-Profil, bei hoher Elektronendichte nur der obere Bereich erfaßt wird. Somit läßt sich durch eine Anpassung der oberen Randbedingung das theoretische T_e-Profil nur bedingt dem gemessenen angleichen.

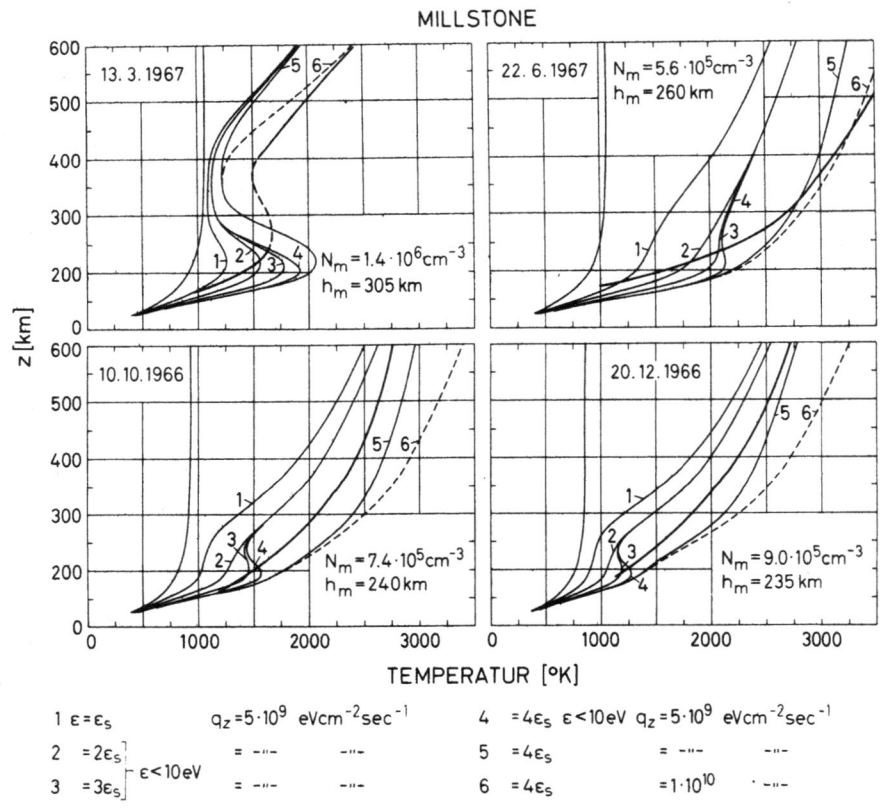

Abb. 35: Vergleich gemessener und berechneter Elektronentemperaturprofile für Millstone, vier Jahreszeiten, jeweils 14.00. Dickgezeichnete Kurve: Experimentelle Werte. Weiterer Text wie Abb. 34.

Bei hoher Elektronendichte tritt im Talbereich eine systematische Abweichung der theoretischen Werte von den experimentellen auf, wobei die theoretischen Werte stets kleiner als die experimentellen sind. Zur Beseitigung dieser Abweichung müßte ε_s mit einem Faktor multipliziert werden, der physikalisch nicht verstanden werden könnte und außerdem viel zu hohe Werte der Elektronentemperatur im unteren Höhenbereich zur Folge hätte. Auch eine Erhöhung des Wärmeflusses am oberen Rand führt, wie die Abbildungen 34 und 35 zeigen, nicht zu einer Anhebung der theoretischen T_e-Werte im Tal. Wir versuchen daher zunächst, durch Verringerung der Wärmeverluste die Elektronentemperatur zu erhöhen. Die stärksten Wärmeverluste entstehen durch Feinstrukturanregung von O (Gl. (64a)) sowie durch elastische Stöße mit dem Ionengas (Gl. (C.2) und (C.9)). Wir verringern $Q_T(e-O; F.St.)$ willkürlich um den Faktor 2 und $Q_T(e-i)$ um den Faktor 3. Der Faktor 3 ergibt sich, wenn bei der Berechnung des Stoßquerschnitts als obere Integrationsgrenze anstatt des Debye-Radius der mittlere Teilchenabstand $n_e^{-1/3}$ angesetzt wird. Die Ergebnisse dieser Rechnung sind in den Abbildungen 36 und 37, Kurven 2 und 3, angegeben. Wir sehen, daß auch eine Verringerung der Wärmeverluste keine hinreichende Erhöhung der Elektronentemperatur ergibt.

Damit ergibt sich zwangsläufig, daß die Vernachlässigung des nichtlokalen Anteils der Wärmeproduktionsfunktion die Ursache für die zu niedrigen T_e-Werte im Talbereich ist. Da dieser Anteil eine Höhenabhängigkeit besitzt, die nicht bekannt ist, erscheint es wenig sinnvoll, ihn durch eine ad-hoc-Annahme zu berücksichtigen. Wir konstatieren daher, daß bei hohen Elektronendichten ein "Talproblem der Elektronentemperatur" besteht, das auf die Vernachlässigung der nichtlokalen Wärmeproduktion zurückgeht, bieten hier aber keine Lösung an.

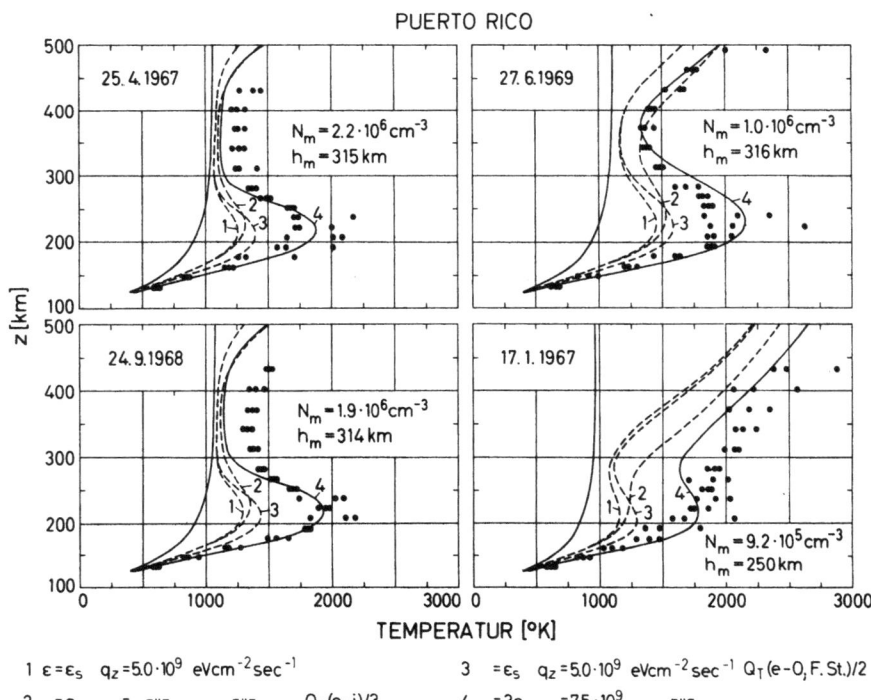

Abb. 36: Vergleich gemessener und berechneter Elektronentemperaturprofile für Puerto Rico, vier Jahreszeiten, jeweils 14.00. Punkte: Experimentelle Werte aus dem Zeitintervall 13.00 - 15.00. Unnumerierte Kurve: Neutralgastemperatur. Kurve 1: T_e mit den in 2.24 gegebenen Parametern. Kurve 2: Wie 1, jedoch Wärmeübertragungsrate zwischen Elektronen und Ionen gedrittelt. Kurve 3: Wie 1, jedoch Wärmeübertragungsrate durch Feinstrukturanregung von O halbiert. Kurve 4: Wie 1, jedoch $\varepsilon = 3\varepsilon_s$ unbegrenzt und Wärmefluß am oberen Rand auf $7.5 \cdot 10^9$ eV cm^{-2} sec^{-1} erhöht.

Fassen wir die Ergebnisse dieses Abschnitts zusammen, so ergibt sich, daß zur quantitativen Beschreibung der Elektronentemperatur die folgenden Teilprobleme gelöst werden müssen:

1. Die Wärmeproduktionsfunktion muß realistischer beschrieben werden, wobei die in den angeregten Neutralgasteilchen gespeicherte Energie sowie nichtlokale Beiträge zu berücksichtigen sind.

2. Der aus der Ionosphäre entweichende Photoelektronenfluß muß beschrieben werden, damit über die Beziehungen (73) und (74) eine selbstkonsistente Randbedingung für die Elektronen-Energiegleichung gewonnen werden kann.

Vor Bewältigung dieser Probleme schlagen wir vor, die Wärmeproduktion durch den mit 3 multiplizierten Ausdruck (63) nach SWARTZ und NISBET [1972] zu beschreiben sowie für den Wärmefluß am oberen Rand (1000 km) einen repräsentativen Wert von $7.5 \cdot 10^9$ eV cm^{-2} sec^{-1} anzusetzen. Dieser Vorschlag ist in den Kurven 4 der Abbildungen 36 und 37 realisiert. Wie wir sehen, führt er zu einer durchaus befriedigenden Beschreibung der gemessenen T_e-Profile.

4.3 Ionendichten

In Abschnitt 4.1 haben wir gemessene und berechnete Elektronendichten im Bereich der F2-Schicht miteinander verglichen und damit im wesentlichen die O^+-Ionen erfaßt, die in diesem Bereich dominieren. In diesem Abschnitt wollen wir uns mit den Dichten der anderen Ionensorten befassen. Hierzu müssen wir auf Raketenmessungen zurückgreifen, die nur in geringer Zahl vorliegen. Für den Vergleich experimentell und theoretisch gewonnener Ionendichten verwenden wir die Ergebnisse von BRINTON et al. [1969]

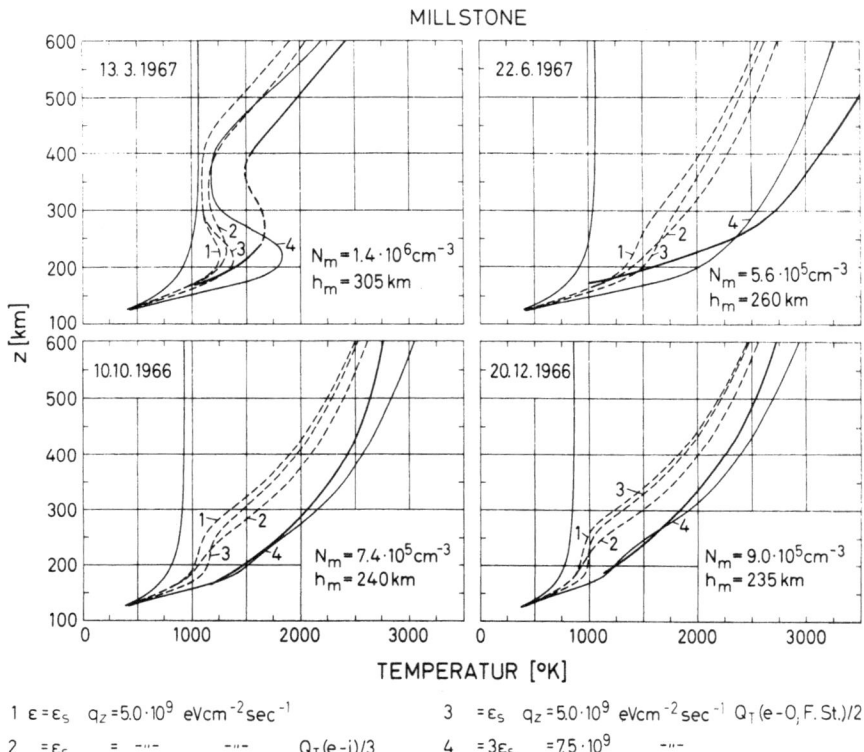

Abb. 37: Vergleich gemessener und berechneter Elektronentemperaturprofile für Millstone, vier Jahreszeiten, jeweils 14.00. Dickgezeichnete Kurve: Experimentelle Werte. Weiterer Text wie Abb. 36.

für Wallops Island ($\varphi = 38°$), 2.3. 1966, 13.00, von PHARO et al. [1971] für Wallops Island, 26.8. 1966, 14.00 und von GIRAUD et al. [1971] für Landes ($\varphi = 47°$), 6.2. 1969, 11.00. Die Ergebnisse des Vergleichs für die Ionensorten N_2^+, NO^+ und O_2^+ sind in Abb. 38 zusammengefaßt.

Wir wenden uns zunächst der Gegenüberstellung der N_2^+-Werte zu. Die dünngezeichneten Kurven wurden aus dem in Abschnitt 2.23 dargestellten photochemischen Schema gewonnen. Wir sehen, daß die theoretischen Ergebnisse um den Faktor 10-20 kleiner sind als die experimentellen (dickgezeichnete Kurve). Die wichtigsten Verlustreaktionen im unteren Höhenbereich sind

$$N_2^+ + O_2 \rightarrow O_2^+ + N_2$$

und

$$N_2^+ + O \rightarrow NO^+ + N$$

Erniedrigen wir ihre Reaktionskonstanten von den in 2.23 gegebenen Werten auf

$$k_r(2,1) = k_r(2,2) = 2 \cdot 10^{-11} \text{ cm}^3 \text{ sec}^{-1}, \tag{82}$$

so erhalten wir die gepunkteten Kurven. Im unteren Höhenbereich ist die Übereinstimmung nun erheblich verbessert. Mit zunehmender Höhe jedoch geht die Diskrepanz gegen ihren alten Wert.

In Abschnitt 2.23 wurde eine Produktionsreaktion nicht berücksichtigt, die von RISBETH et al. [1972] in einer neueren Arbeit in die Theorie eingeführt wurde, und zwar

$$O^+(^2D) + N_2 \rightarrow N_2^+ + O; \quad k_r(8,1) \approx 5 \cdot 10^{-10} \text{ cm}^3 \text{ sec}^{-1}$$

Das im ^2D-Zustand angeregte O^+-Ion entsteht bei der Photoionisation des atomaren Sauerstoffs und wird außer durch obige Reaktion durch

$$O^+(^2D) + e^- \rightarrow O^+(^4S) + e^-; \quad k_r(8,2) \approx 3 \cdot 10^{-8} \text{ cm}^3 \text{ sec}^{-1}$$

vernichtet [DALGARNO und McELROY, 1965]. Nach RISBETH et al. [1972] beträgt die Photoproduktionsrate des $O^+(^2D)$ 25% der Photoproduktionsrate des O^+ im Grundzustand ^4S. Nehmen wir an, daß sich $O^+(^2D)$ am Tage im photochemischen Gleichgewicht befindet, so folgt:

$$n(O^+(^2D)) = 0.25 \frac{P_3^{(p)}}{k_r(8,1) n(N_2) + k_r(8,2) n_e} \tag{83}$$

Damit läßt sich die zusätzliche N_2^+-Produktion beschreiben, indem die Photoproduktionsrate $P_2^{(p)}$ ersetzt wird durch

$$P_2'^{(p)} = P_2^{(p)} + k_r(8,1) n(N_2) n(O^+(^2D)) \approx P_2^{(p)} + 0.25 \frac{P_3^{(p)}}{1 + 60 n_e/n(N_2)} \tag{84}$$

Bei der Gewinnung der feingestrichelten Kurven in Abb. 38 wurde die zusätzliche N_2^+-Produktion nach (84) berücksichtigt. Sie ergibt eine deutliche, jedoch nicht ausreichende Annäherung der theoretischen an die experimentellen Werte im oberen Höhenbereich.

Zur weiteren Verbesserung der Übereinstimmung bleibt im Rahmen des angegebenen photochemischen Schemas nur eine Verringerung der Rekombinationsrate $k_r(2,3)$. Die grobgestrichelten Kurven in Abb. 38

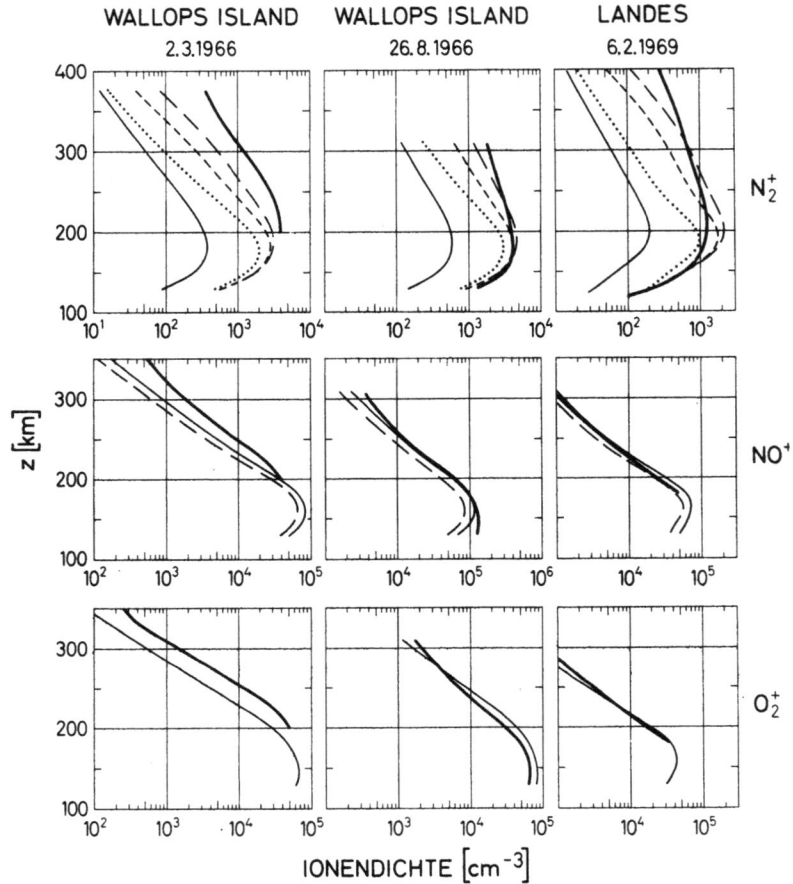

Abb. 38: Vergleich gemessener und berechneter Ionendichteprofile für N_2^+, NO^+, O_2^+. Linke Spalte für Wallops Island, 2.3. 1966, 13.00; mittlere Spalte für Wallops Island, 26.8. 1966, 14.00; rechte Spalte für Landes, 6.2. 1969, 11.00. Die experimentellen Werte sind jeweils durch dickgezeichnete Kurven dargestellt.
Obere Reihe: Durchgezogene Kurve: Reaktionsraten wie in Abschnitt 2.23 angegeben. Gepunktete Kurve: Wie zuvor, jedoch Verringerung der Reaktionskonstanten für $N_2^+ + O_2$ und $N_2^+ + O$ auf $k_r(2,1) = k_r(2,2) = 2 \; 10^{-11}$ cm^3 sec^{-1}. Feingestrichelte Kurve: Zusätzliche Berücksichtigung der N_2^+-Produktion durch die Reaktion $O^+(^2D) + N_2 \rightarrow N_2^+ + O$. Grobgestrichelte Kurve: Wie zuvor, jedoch Verringerung der N_2^+-Rekombinationsrate auf $k_r(2,3) = 1.2 \; 10^{-7} \; (300/T_e)^{0.33}$ cm^3 sec^{-1}.
Mittlere Reihe: Grobgestrichelte Kurve: Verwendung der gleichen Parameter wie für die entsprechende N_2^+-Kurve. Durchgezogene Kurve: Wie zuvor, jedoch Verringerung der NO^+-Rekombinationsrate auf $k_r(6,1) = 2.7 \; 10^{-7} \; (300/T_e)$ cm^3 sec^{-1}.
Untere Reihe: Durchgezogene Kurve: Verwendung der gleichen Parameter wie für die entsprechende NO^+-Kurve.

ergeben sich für

$$k_r(2,3) = 1.2 \; 10^{-7} \; (300/T_e)^{0.33} \; \text{cm}^3 \; \text{sec}^{-1} \tag{85}$$

Die durch die Beziehung (82), (84) und (85) gegebenen Veränderungen der photochemischen Raten bewirken eine erhebliche Verbesserung in der theoretischen Beschreibung der gemessenen N_2^+-Profile. Dennoch legen die verbleibenden Diskrepanzen den Schluß nahe, daß das verwendete Reaktionsschema nicht vollständig ist. Insbesondere müßte geprüft werden, ob nicht weitere angeregte Ionen oder Neutralgasteilchen einen Einfluß auf die N_2^+-Bilanz nehmen.

Ein positiveres Bild ergibt sich für NO^+ und O_2^+, die dominierenden Ionen in der unteren F-Schicht. Die gestrichelten NO^+-Kurven wurden mit den gleichen Parametern gewonnen wie die entsprechenden N_2^+-Kurven. Sie zeigen eine leichte negative Abweichung von den gemessenen Profilen. Eine Verbesserung der Übereinstimmung läßt sich erzielen, indem die Rekombinationsrate $k_r(6,1)$ auf

$$k_r(6,1) = 2.7 \; 10^{-7} \; (300/T_e) \; cm^3 \; sec^{-1} \tag{86}$$

erniedrigt wird.

Für O_2^+ sind keine weiteren Veränderungen erforderlich. Für Landes ergibt sich eine fast fehlerfreie Übereinstimmung zwischen den theoretischen und experimentellen Profilen, für Wallops Island 2.3. 1966 zeigt das theoretische Profil eine negative, für Wallops Island 26.8. 1966 eine geringe positive Abweichung.

He^+- und H^+-Profile liegen nur für Wallops Island 2.3. 1966 vor. Sie sind zusammen mit den theoretischen Profilen (gestrichelte Kurven) in Abb. 39 dargestellt. Es zeigt sich eine sehr befriedigende Übereinstimmung, bei He^+ mehr in der Profilform, bei H^+ mehr in den Absolutwerten. Eine Verbesserung der Übereinstimmung durch Anpassung chemischer Reaktionsraten auf der Basis eines einzelnen Vergleichs erscheint nicht sinnvoll.

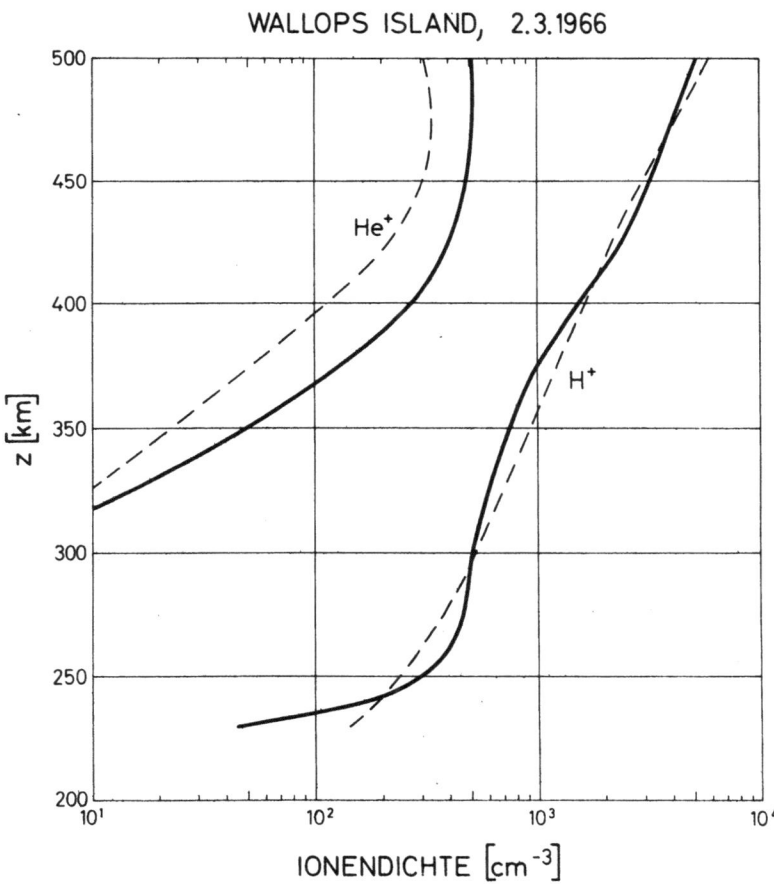

Abb. 39: Vergleich gemessener und berechneter He^+- und H^+-Profile für Wallops Island, 2.3. 1966, 13.00. Durchgezogene Kurven: Experimentelle Werte. Gestrichelte Kurven: Theoretische Werte auf der Grundlage der in 2.23 gegebenen Reaktionsraten.

Derzeit unüberwindbare Schwierigkeiten bereitet das Ion N^+. Weder die Profilform noch die Absolutwerte lassen sich in Übereinstimmung mit gemessenen $n(N^+)$-Werten bringen. Über ähnliche Erfahrungen berichten BAILEY und MOFFETT [1972] sowie BHATNAGAR [1973]. Es hat den Anschein, daß das bisher benutzte photochemische Schema für N^+ erheblich zu einfach ist und insbesondere durch Reaktionen angeregter Bestandteile ergänzt werden müßte.

4.4 Die Sonnenfinsternis des 7.3. 1970

Eine totale Sonnenfinsternis stellt in zweifacher Hinsicht ein bedeutendes Ereignis dar. Zum einen wird in einer kurzen Zeitspanne die Sonne "aus- und eingeschaltet", während sich der Sonnenstandswinkel nur wenig ändert, wodurch der Atmosphäre und Ionosphäre zeitliche Änderungen aufgeprägt werden, die zu anderen Zeiten nicht beobachtet werden. Zum anderen zwingt die Seltenheit und Bedeutung dieses Ereignisses viele Experimentatorengruppen zu einer Koordination, wie sie auch zu anderen Zeiten wünschenswert, doch offenbar nicht realisierbar ist. Es ergibt sich daraus die günstige Situation, für einen bestimmten Ort und ein enges Zeitintervall über eine Vielfalt experimenteller Daten verfügen zu können. Die totale Sonnenfinsternis des 7.3. 1970 zeichnete sich zusätzlich dadurch aus, daß sie in Wallops Island, einem der wichtigsten Startplätze für wissenschaftliche Raketen, beobachtet werden konnte.

Wir wollen die für den 7.3. 1970 in Wallops Island ($\varphi = 37.9°$) gewonnenen experimentellen Daten für einen abschließenden Test unseres Atmosphärenmodells sowie der in den Abschnitten 4.2 und 4.3 eingeführten Änderungen einiger chemischer und thermodynamischer Parameter verwenden. Zur Simulation der Sonnenfinsternis multiplizieren wir die Teilchen- und Wärmeproduktionsfunktion mit einem Faktor f, der das Verhältnis der nicht abgedeckten Sonnenfläche zur gesamten Sonnenfläche beschreibt. Eine einfache geometrische Betrachtung ergibt für f:

$$f = 1 - \frac{2}{\pi}\left(\arctg \frac{\sqrt{1 - x_o^2}}{x_o} - x_o \sqrt{1 - x_o^2}\right)$$

mit
$$x_o = \frac{|t - t_m|}{|t_a - t_m|}$$

und t der laufenden Zeit, t_a dem Anfangszeitpunkt der Sonnenfinsternis sowie t_m dem Zeitpunkt der vollständigen Abdeckung. Zur Berücksichtigung einer Reststrahlung, die ihren Ursprung in der Chromosphäre der Sonne hat und bei der Finsternis nicht abgedeckt wird, ersetzen wir f durch

$$f' = g + (1 - g) f,$$

worin g das Verhältnis der Reststrahlung zur Gesamtstrahlung bei nicht abgedeckter Sonne darstellt. Nach MARRIOTT et al. [1971] können wir $g = 0.125$ setzen. Für die Sonnenfinsternis des 7.3. 1970 in Wallops Island ist $t_a = 12.30$ und $t_m = 13.42^5$ Ortszeit.

Wir verwenden die Daten von BECKER [1971], BRACE et al. [1971] und RANGASWAMY und SCHMID [1970]. Sie sind in den Abbildungen 40 und 41 als durchgezogene Kurven bzw. Punkte dargestellt. Im einzelnen zeigen die Abbildungen den zeitlichen Verlauf von N_mF2, h_mF2, des Elektroneninhalts bis zum F2-Schichtmaximum und von T_{emax}, der Temperatur im Maximum des T_e-Profils zwischen 12.00 und 16.00 Ortszeit, sowie die Ionendichte- und Temperaturprofile. Die theoretischen Ergebnisse mit Sonnenfinsternis sind durch grobgestrichelte, ohne Sonnenfinsternis durch feingestrichelte Kurven dargestellt. Die Windgeschwindigkeit $v_{n\xi}$ wurde für den betrachteten Zeitraum in Übereinstimmung mit den in Abb. 21 gezeigten Ergebnissen so vorgegeben, daß sich für den Fall ohne Sonnenfinsternis ein

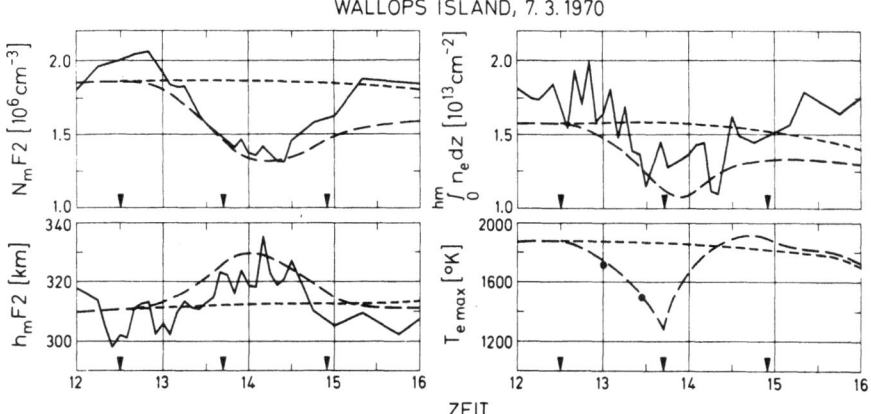

Abb. 40: Vergleich gemessener und berechneter Bestimmungsgrößen der Ionosphäre für die Sonnenfinsternis des 7.3.1970 in Wallops Island. Durchgezogene Kurven bzw. Punkte: Experimentelle Ergebnisse. Grobgestrichelte Kurven: Theoretische Ergebnisse mit Sonnenfinsternis. Auf der Abszisse sind die Zeitpunkte des Beginns, Höhepunktes und Endes der Sonnenfinsternis markiert. Oben links: N_mF2, die Elektronenkonzentration im F2-Schicht-Maximum. Unten links: h_mF2, die Höhe des F2-Schicht-Maximums. Oben rechts: Der Elektroneninhalt einer vertikalen Säule bis zum F2-Schicht-Maximum. Unten rechts: T_{emax}, die Elektronentemperatur im Maximum des T_e-Profils.

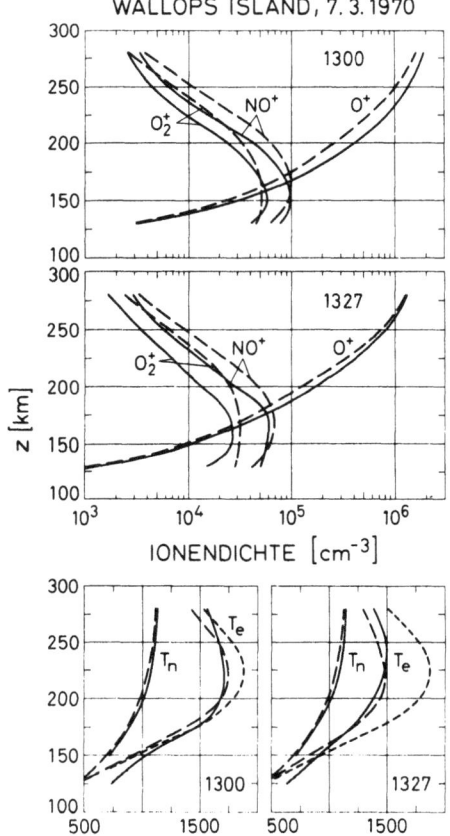

Abb. 41: Vergleich gemessener und berechneter Ionendichte- und Temperaturprofile für die Sonnenfinsternis des 7.3.1970 in Wallops Island zu den Zeiten 13.00 und 13.27 (Ortszeit). Durchgezogene Kurven: Experimentelle Ergebnisse. Grobgestrichelte Kurven: Theoretische Ergebnisse mit Sonnenfinsternis. Feingestrichelte Kurven: Theoretische Ergebnisse ohne Sonnenfinsternis. Oben und Mitte: $n(O_2^+)$-, $n(NO^+)$- und $n(O^+)$-Profile für 13.00 und 13.27 Ortszeit. Unten links und rechts: T_n- und T_e-Profile für 13.00 und 13.27 Ortszeit.

h_mF2-Verlauf einstellt, wie er sich bei einer Verbindung der experimentellen h_mF2-Werte vor und nach der Sonnenfinsternis ungefähr ergibt. Eine Verwendung des 6.3. 1970 als Bezugstag ist nicht möglich, da im Zeitraum 12.30 bis 18.00 eine baiartige Störung des h_mF2-Verlaufs auftrat.

Die Abbildungen 40 und 41 lassen eine sehr gute Übereinstimmung aller gezeigten theoretischen und experimentellen Ergebnisse erkennen, sowohl in ihren Absolutwerten als auch in ihren zeitlichen Verläufen. Besonders gut ist die Übereinstimmung der Temperaturprofile. Für T_n tritt praktisch keine Abweichung auf. Dagegen wäre nach dem Jacchia-Modell T_n um $100°$ höher. Nicht im Bild gezeigt sind die ebenfalls von BRACE et al. [1971] gemessenen N_2-Dichten. Nach dem neuen Atmosphärenmodell beträgt im Höhenbereich 150 - 280 km die maximale Abweichung der theoretischen $n(N_2)$-Werte von den gemessenen 6 %.

Wenn wir auch nicht damit rechnen können, generell eine derart gute Übereinstimmung zwischen den theoretischen und experimentellen Bestimmungsgrößen der Ionosphäre und Neutralgasatmosphäre zu erhalten, so können wir doch die Ergebnisse dieses Abschnitts als ein weiteres Indiz dafür werten, daß die in der vorliegenden Arbeit eingeführten Änderungen wichtiger ionosphärischer und atmosphärischer Parameter begründet sind.

5. Zusammenfassung und Ausblick

Ziel der vorliegenden Arbeit ist es, den gegenwärtigen Stand der Theorie der oberen Ionosphäre, d.h. der Ionosphäre im Höhenbereich 150 - 1000 km, zu prüfen und gegebenenfalls bestimmende Parameter so anzupassen, daß gemessene Größen durch die Theorie reproduziert werden. Bei Beachtung bestimmter Bedingungen stellt diese Parameteranpassung einen Meßvorgang dar.

Als Arbeitsinstrument schaffen wir uns ein Rechenprogramm, das die Kontinuitätsgleichungen der Ionensorten O^+, NO^+, O_2^+, N_2^+, H^+, He^+ und N^+, die Ionen- und Neutralgas-Bewegungsgleichungen sowie die Ionen- und Elektronen-Energiegleichungen löst. Dadurch erhalten wir in Abhängigkeit von der Tageszeit die Höhenprofile der Ionen- und Elektronendichten, der Ionen- und Elektronengeschwindigkeiten, der Horizontalkomponenten der Windgeschwindigkeit sowie der Elektronen- und Ionentemperatur.

Die Ionosphäre geht aus der Neutralgasatmosphäre durch Photoionisation hervor und steht mit ihr in vielfacher chemischer, dynamischer und thermodynamischer Wechselwirkung. Die wichtigsten Parameter für ein Verständnis der Ionosphäre sind daher die Teilchendichten der Neutralgas-Hauptbestandteile O_2, N_2 und O. Bestehende Atmosphärenmodelle gehen von nahezu konstanten Teilchendichten in 125 km aus und sind mit dieser groben Vereinfachung nicht in der Lage, eine Reihe ionosphärischer Phänomene zu erklären. Eine gleichzeitige Änderung der drei Teilchendichten ist nicht ohne Willkür möglich. Es wird daher zunächst durch Lösung der Kontinuitäts- und Bewegungsgleichungen der Neutralgasbestandteile im Höhenbereich 80 - 300 km ein Zusammenhang zwischen den Teilchendichten hergestellt derart, daß nur noch $n(O)$ als Unbekannte auftritt.

Durch einen detaillierten Vergleich berechneter und gemessener Mittagswerte der Elektronendichte für sieben Stationen der Nordhalbkugel und die Jahre 1958 - 1960 sowie 1964 werden die drei Teilchendichten ermittelt. Ferner wird durch Berücksichtigung der Nebenbedingung, daß die Gesamtdichte des Jacchia-Modells, die auf Messungen beruht, erhalten bleibt, als vierte Größe die Neutralgastemperatur bestimmt. Die gewonnenen Ergebnisse werden analytisch approximiert und somit modellmäßig in Abhängigkeit von der geographischen Breite, der Sonnenaktivität und der Tageszahl dargestellt. Im Unterschied zum Jacchia-Modell beinhaltet das neue Atmosphärenmodell beträchtliche Änderungen der Neutralgaszusammensetzung, insbesondere in Abhängigkeit von der Jahreszeit, sowie einen stärkeren Abfall der Neutralgastemperatur vom Sommer zum Winter.

Als Nebenprodukt bei der Bestimmung der Neutralgasdichten erhalten wir die Mittagswerte der Neutralgasgeschwindigkeit in Nord-Süd-Richtung. Ihr jahreszeitlicher Verlauf sowie die Aussagen des neuen Atmosphärenmodells bezüglich der Neutralgaszusammensetzung führen zu folgender Deutung der Sommer-Winter-Anomalie der F-Schicht, die darin besteht, daß die Elektronendichte im Winter größer ist als im Sommer:

a. Das Verhältnis $n(O)/n(O_2)$ ist im Winter größer als im Sommer. Entsprechend ist auch das Verhältnis Produktion/Verlust für das O^+-Ion im Winter größer als im Sommer.

b. Die polwärts gerichtete Windgeschwindigkeit ist im Winter kleiner als im Sommer. Dadurch wird im Winter die Elektronendichte weniger stark erniedrigt als im Sommer.

Beide Effekte wirken in die gleiche Richtung. Beide Effekte auch, und hier insbesondere der zweite, werden mit abnehmender Sonnenaktivität schwächer. Infolgedessen ist die Sommer-Winter-Anomalie der F-Schicht im Sonnenfleckenmaximum stärker ausgeprägt als im Sonnenfleckenminimum.

Das neue Atmosphärenmodell wird anhand eines Vergleichs theoretischer und experimenteller Tagesgänge der Elektronendichte getestet. Dabei zeigt sich zunächst, daß durch seine Kopplung an das Jacchia-Modell über die Gesamtdichte auch das neue Atmosphärenmodell die horizontalen Druckgradienten und damit das Windsystem nicht hinreichend genau beschreibt, so daß Abweichungen der theoretischen Elektronendichteprofile von den gemessenen die Folge sind. Wird dagegen die Windgeschwindigkeit so bestimmt, daß die experimentellen h_mF2-Werte durch die Theorie reproduziert werden, so stellt sich eine sehr befriedigende Übereinstimmung zwischen den gemessenen und berechneten Elektronendichten ein. Demnach werden durch das neue Atmosphärenmodell die photochemischen Aspekte der F-Schicht-Theorie richtig beschrieben. In dieser Hinsicht stellt das neue Atmosphärenmodell eine erhebliche Verbesserung gegenüber dem Jacchia-Modell dar. In Bezug auf die dynamischen Aspekte dagegen sind beide Modelle etwa gleichwertig.

Ein Vergleich gemessener und berechneter Elektronentemperaturen zeigt, daß die in der Literatur angegebenen Werte für die Wärmezufuhr durch Photoelektronen zu niedrig sind. Eine Berücksichtigung der in den angeregten Neutralgaszuständen gespeicherten Energie erweist sich als notwendig, doch kann diese Aufgabe derzeit wegen mangelnder Kenntnis der entsprechenden Wirkungsquerschnitte für Stoßdeaktivierung nicht gelöst werden. Eine Erhöhung der Wärmeproduktionsfunktion um den Faktor 3 erweist sich als eine zwar provisorische, jedoch zu sehr befriedigenden Ergebnissen führende Maßnahme.

Aus einem Vergleich experimenteller und theoretischer Ionendichteprofile ergibt sich die Notwendigkeit, die Reaktionskonstanten einiger Verlustreaktionen zu erniedrigen. Weiterhin muß für das Ion N_2^+ die zusätzliche Produktionsreaktion $O^+(^2D) + N_2 \rightarrow N_2^+ + O$ berücksichtigt werden, wobei das O^+-Ion im angeregten Zustand ^2D bei der Photoionisation entsteht.

Die während der totalen Sonnenfinsternis am 7.3.1970 in Wallops Island gewonnenen experimentellen Daten werden für eine abschließende Prüfung des neuen Atmosphärenmodells und der vorgenommenen Änderungen einiger chemischer und thermodynamischer Parameter herangezogen. Es ergibt sich eine sehr gute Übereinstimmung aller für den Vergleich verwendeten experimentellen und theoretischen Ergebnisse.

Die folgenden Aufgaben, die entweder durch die vorliegenden Untersuchungen nicht bewältigt oder durch sie angeregt wurden, werden vor einem quantitativen Verständnis der oberen Ionosphäre zu behandeln sein:

1. Das neue Atmosphärenmodell ist durch Lockerung der Kopplung an das Jacchia-Modell über die Gesamtdichte so zu verbessern, daß nicht nur die Teilchendichten und die Temperatur, sondern auch deren Horizontalgradienten mit hoher Genauigkeit beschrieben werden, damit eine realistischere Bestimmung der Windgeschwindigkeit möglich wird.

2. Es ist zu prüfen, ob die Möglichkeit einer tageszeitlichen Variation der Neutralgaszusammensetzung im Bereich der unteren Thermosphäre besteht. Hierzu sind insbesondere die in der Mesosphäre ablaufenden Prozesse zu erfassen.

3. Es ist eine verbesserte Beschreibung für den Teilchenfluß am oberen Rand des Integrationsgebietes, in unserem Fall 1000 km, zu finden.

4. Die Wärmeproduktionsfunktion für das Elektronengas ist neu zu untersuchen, wobei die in den angeregten Neutralgasteilchen gespeicherte Energie zu berücksichtigen ist.

5. Der nichtlokale Anteil der Wärmeproduktionsfunktion und, damit zusammenhängend, der in die Exosphäre entweichende Photoelektronenfluß sind modellmäßig zu beschreiben.

Ferner ist das vorliegende theoretische Ionosphärenmodell durch Berücksichtigung einer Ionen- und Wärmeproduktion durch einfallende energiereiche Teilchen zu erweitern und damit für höhere Breiten anwendbar zu machen. Das neue Atmosphärenmodell schließlich sollte durch Erfassung der bei geomagnetischen Störungen auftretenden Änderungen der Neutralgaszusammensetzung erweitert werden.

Die vorliegenden Untersuchungen wurden am Max-Planck-Institut für Aeronomie durchgeführt. Herrn Prof. W. Dieminger, dem Direktor des Instituts, danke ich für die Ermunterung, diese Arbeit zu schreiben. Den Herren Prof. J.S. Nisbet und Dr. W.E. Swartz von der Pennsylvania State University gilt mein Dank für viele stimulierende Diskussionen. Der Gesellschaft für wissenschaftliche Datenverarbeitung mbH in Göttingen danke ich für die Durchführung der umfangreichen Rechenarbeiten, Herrn K.H. Schüddekopf für die Erstellung der Zeichnungen.

Anhang A

Die Zusammensetzung des Neutralgases

Die Teilchendichten der einzelnen Neutralgasbestandteile ergeben sich als Lösung der jeweiligen Kontinuitätsgleichung (s. Gleichung (6)). Außer durch photochemische Prozesse werden die Teilchendichten durch vertikale Transportvorgänge infolge molekularer und turbulenter Diffusion (Eddy-Diffusion) bestimmt.

A1 Molekulare Diffusion

In der Bewegungsgleichung (Gl. (11)) für die Vertikalkomponenten v_k der einzelnen Neutralgasgeschwindigkeiten stellen die Schwerkraft, die Druckgradientenkraft und die Reibungskraft die dominierenden Anteile dar, wovon man sich durch Einsetzen typischer Geschwindigkeitswerte überzeugt. Somit ergibt sich v_k aus

$$- g - \frac{1}{\rho_k} \frac{\partial p_k}{\partial z} - \frac{1}{\rho_k} \sum_l n_l R_l (v_k - v_l) = 0 \qquad (A.1)$$

Mit den Abkürzungen

$$H_k = \frac{kT_n}{m_k g} \qquad \text{(Skalenhöhe)}$$

$$s_{kl} = \frac{R_l}{\rho_k}$$

$$V_k = \sum_{l \neq k} s_{kl} n_l v_l \Big/ \sum_{l \neq k} s_{kl} n_l$$

$$D_k = (kT_n/m_k) \Big/ \sum_{l \neq k} s_{kl} n_l \qquad \text{(Diffusionskoeffizient)}$$

erhalten wir für die molekulare Diffusionsgeschwindigkeit, die wir zur Unterscheidung von der später zu definierenden turbulenten Diffusionsgeschwindigkeit mit $v_k^{(M)}$ bezeichnen wollen:

$$v_k^{(M)} = V_k - D_k \left\{ \frac{1}{n_k} \frac{\partial n_k}{\partial z} + \frac{1}{T_n} \frac{\partial T_n}{\partial z} + \frac{1}{H_k} \right\} \qquad (A.2)$$

Die in dem Diffusionskoeffizienten D_k enthaltene Größe s_{kl} ergibt sich für Gase aus starren Kugeln unter Zugrundelegung einer Maxwell-Verteilung zu

$$s_{kl} = \frac{16}{3} \frac{\mu_{kl}}{m_k} \sigma_{kl}^2 \left\{ \frac{\pi k T_n}{2 \mu_{kl}} \right\}^{1/2}$$

mit σ_{kl} der Summe der gaskinetischen Radien. Dieses auf die gegenseitige Diffusion beliebig vieler Gassorten anwendbare Ergebnis entspricht der Näherung erster Ordnung in der Theorie der gegenseitigen Diffusion zweier Gase nach CHAPMAN und COWLING [1960, Kapitel 14], wobei hier jedoch Thermodiffusion vernachlässigt wurde.

A 2 Turbulente Diffusion

Es ist bekannt, daß bis zu Höhen von etwa 100 km die relative Zusammensetzung der Atmosphäre, von chemisch aktiven Spurenbestandteilen wie etwa O oder O_3 abgesehen, die gleiche wie am Erdboden ist, obwohl durch molekulare Diffusion eine Trennung leichter und schwerer Bestandteile angestrebt wird. Der Grund für diese Durchmischung liegt in der Wirkung turbulenter Strömungen. Als Folge einer idealen turbulenten Durchmischung fallen alle Teilchendichten mit der gleichen mittleren Skalenhöhe

$$H = \frac{kT_n}{\bar{m}g}$$

$$\bar{m} = \sum_k m_k n_k / \sum_k n_k$$

mit zunehmender Höhe ab. In Analogie zum molekularen Diffusions-Gleichgewichtszustand, der als Folge von (A.2) durch

$$\frac{1}{n_k}\frac{\partial n_k}{\partial z} = -\frac{1}{T_n}\frac{\partial T_n}{\partial z} - \frac{1}{H_k}$$

gekennzeichnet ist, können wir einen turbulenten Diffusions-Gleichgewichtszustand durch

$$\frac{1}{n_k}\frac{\partial n_k}{\partial z} = -\frac{1}{T_n}\frac{\partial T_n}{\partial z} - \frac{1}{H}$$

charakterisieren. Entsprechend stellt sich bei Abweichung der Teilchenzahldichte n_k vom Gleichgewichtsprofil die Geschwindigkeit

$$v_k^{(T)} = -K\left\{\frac{1}{n_k}\frac{\partial n_k}{\partial z} + \frac{1}{T_n}\frac{\partial T_n}{\partial z} + \frac{1}{H}\right\} \tag{A.4}$$

ein. Dieser Ansatz geht auf LETTAU [1951] zurück. $v_k^{(T)}$ stellt einen Mittelwert über das gesamte turbulente Geschwindigkeitsspektrum dar. Im Unterschied zum molekularen Diffusionskoeffizienten D_k, der sich auf die molekularen Eigenschaften der beteiligten Gase zurückführen läßt, ist der turbulente Diffusionskoeffizient (Eddy-Diffusionskoeffizient) K eine empirische Größe. Er ist so zu bestimmen, daß die in der oberen Atmosphäre beobachteten Teilchendichte-Verhältnisse theoretisch reproduziert werden. Für eine Bestimmung von K eignen sich in der Übergangszone zwischen turbulenter und molekularer Diffusion, also etwa im Höhenbereich 90 - 120 km, die chemisch inerten Bestandteile N_2, Ar und He, während in niedrigeren Höhen nur chemisch aktive Bestandteile, deren Reaktionsraten bekannt sein müssen, eine Information liefern.

In früheren Arbeiten [z.B. SHIMAZAKI, 1967] wurde der Eddy-Diffusionskoeffizient als höhenunabhängig angenommen. KENESHEA und ZIMMERMAN [1970] zeigten, daß oberhalb der Turbopause (Höhe, in der $K = D_k$ wird) der Eddy-Diffusionskoeffizient stark abfallen muß. Basierend auf der Arbeit von Keneshea und Zimmerman führte SHIMAZAKI [1971] den Ausdruck

$$K(z) = K_M e^{-s_1(z-z_0)^2} \qquad z > z_0$$

$$K(z) = (K_M - K_m) e^{-s_2(z-z_0)^2} + K_m e^{s_3(z-z_0)} \qquad z < z_0 \tag{A.5}$$

für den Eddy-Diffusionskoeffizienten ein. Auf Grund eines umfangreichen Vergleiches zwischen experimentell und theoretisch ermittelten Teilchendichte-Profilen kommt Shimazaki zu folgenden Werten für die in (A.5) enthaltenen Parameter:

$$K_M = 1 \cdot 10^7 \quad cm^2 \, sec^{-1}$$
$$K_m = 2 \cdot 10^6 \quad cm^2 \, sec^{-1}$$
$$s_1 = 0.05 \quad km^{-2}$$
$$s_2 = 0.05 \quad km^{-2}$$
$$s_3 = 0.07 \quad km^{-1}$$
$$z_0 = 105 \quad km$$

Wir wollen in unseren Untersuchungen den Ausdruck (A.5) für K verwenden. Dieses stellt zweifellos eine starke Idealisierung dar, insbesondere deshalb, weil K nach (A.5) zeitunabhängig ist. Die Stabilitätskriterien der Turbulenztheorie beinhalten als bestimmende Größen die mittlere Strömungsgeschwindigkeit und den vertikalen Temperaturgradienten. Beide Größen hängen von der Tages- und Jahreszeit sowie der Sonnenaktivität ab. Eine entsprechende Zeitabhängigkeit ist daher auch für die Turbulenzstruktur und somit den Eddy-Diffusionskoeffizienten zu erwarten. Da jedoch kein hinreichend genaues dynamisches Modell der Mesosphäre und unteren Thermosphäre besteht und zudem die Turbulenztheorie keine quantitative Beschreibung für den Eddy-Diffusionskoeffizienten bereitstellt, wäre jede Annahme einer Zeitabhängigkeit von K willkürlich.

A 3 Photochemische Reaktionen

Atomarer Sauerstoff wird durch Photodissoziation des molekularen Sauerstoffs erzeugt. Es sei J der Tagesmittelwert der Photodissoziationsrate des O_2. Wir übernehmen für J die von COLEGROVE, HANSON und JOHNSON [1965] in numerischer Form gegebenen Ergebnisse und stellen sie durch den analytischen Ausdruck

$$J(z) = 0.5 \cdot 10^{\beta(z)}$$
$$\beta(z) = -7.5 + 2.26 \, tgh \left\{ -0.65 \left[\log_{10} \left(0.705 \int_z^\infty n(O_2) dz \right) - 19 \right] \right\} \tag{A.6}$$

dar. Die wichtigste Verlustreaktion für O ist

$$O + O + N_2 \rightarrow O_2 + N_2$$

mit der Reaktionsrate [CAMPBELL und THRUSH, 1967]

$$\alpha = 3 \cdot 10^{-33} \left(\frac{T_n}{300} \right)^{-2.9} \quad cm^6 \, sec^{-1}$$

Damit ergeben sich die Produktions- und Verlustterme für O und O_2 zu:

$$P(O) = 2 \, J \, n(O_2)$$
$$L(O) = 2 \, \alpha \, n(N_2) \, n^2(O) \tag{A.7}$$

$$P(O_2) = \alpha \, n(N_2) \, n^2(O)$$
$$L(O_2) = J \, n(O_2) \tag{A.8}$$

A 4 Kontinuitätsgleichung

Die zeitunabhängige Kontinuitätsgleichung für den k-ten Neutralgasbestandteil lautet (s. Gl. (6) und (28a)):

$$0 = P_k - L_k - \frac{\partial}{\partial z}(n_k v_k) - n_k \frac{f(\varphi)}{36} d$$

oder mit $d' = d f(\varphi)/36$:

$$0 = P_k - L_k - \frac{\partial}{\partial z}(n_k v_k) - n_k d' \quad (A.9)$$

Die Vertikalgeschwindigkeit v_k ist die Summe der molekularen und turbulenten Diffusionsgeschwindigkeiten.

$$v_k = V_k - (D_k + K)\left\{\frac{1}{n_k}\frac{\partial n_k}{\partial z} + \frac{1}{T_n}\frac{\partial T_n}{\partial z}\right\} - \frac{D_k}{H_k} - \frac{K}{\overline{H}} \quad (A.10)$$

(A.10) in (A.9) eingesetzt ergibt

$$0 = f_1^{(k)} \frac{\partial^2 n_k}{\partial z^2} + f_2^{(k)} \frac{\partial n_k}{\partial z} + f_3^{(k)} n_k + f_4^{(k)}, \quad k = 1, 2, 3 \quad (A.11)$$

mit
$$f_1^{(k)} = D_k + K$$
$$f_2^{(k)} = \frac{\partial f_1^{(k)}}{\partial z} - a_k$$
$$f_3^{(k)} = -l_k - d' - \frac{\partial a_k}{\partial z}$$
$$f_4^{(k)} = P_k$$

und
$$a_k = V_k - f_1^{(k)} \frac{1}{T}\frac{\partial T}{\partial z} - \frac{D_k}{H_k} - \frac{K}{\overline{H}}$$
$$l_k = \frac{L_k}{n_k}$$

Das Differentialgleichungssystem (A.11) kann nur durch numerische Methoden gelöst werden. Ein mathematisches Lösungsschema werden wir in Anhang B aufstellen.

A 5 Randwerte

Die gekoppelten Differentialgleichungen (A.11) sind von zweiter Ordnung in z. Zu ihrer Lösung sind daher zwei Randwerte erforderlich. Die Ränder des Integrationsintervalls sind so zu legen, daß natürliche Randwerte angegeben werden können.

Als untere Randhöhe wählen wir 80 km. In dieser Höhe haben die Hauptbestandteile N_2 und O_2 das gleiche Mischungsverhältnis wie am Erdboden. Die Randwerte für $n(O_2)$ und $n(N_2)$ sind daher durch die Gesamtdichte in 80 km gegeben. Für $n(O)$ gibt es keine entsprechend natürliche Randbedingung. Wir können aber davon ausgehen, daß in 80 km Höhe die photochemischen Terme in der Kontinuitätsgleichung die dynamischen Terme überwiegen werden. Dieses läßt sich aus einem Vergleich der charakteristischen Zeiten schließen. Die Einstellzeit eines photochemischen Gleichgewichtes bei Abwesenheit dynamischer Terme beträgt für O

$$\tau_1(O) = 0.75 \, (P(O) \, \alpha n(N_2))^{-1/2}$$

Die entsprechende Einstellzeit eines Eddy-Diffusionsgleichgewichtes bei Abwesenheit photochemischer Prozesse ist

$$\tau_2(O) = \frac{H^2(O)}{K}.$$

Typische Werte für $z = 80$ km sind $\tau_1 \approx 4 \cdot 10^5$ sec und $\tau_2 \approx 3 \cdot 10^6$ sec. Es ist also $\tau_2 \gg \tau_1$. Somit läßt sich der untere Randwert für O aus der Annahme eines photochemischen Gleichgewichtes gewinnen.

Zur Angabe einer oberen Randbedingung gehen wir von Gleichung (A.10) aus und lösen sie nach $\frac{\partial n_k}{\partial z}$ auf. Wir berücksichtigen, daß oberhalb von 120 km K gegen D_k zu vernachlässigen ist, und erhalten

$$\frac{\partial n_k}{\partial z} = n_k \left[\frac{V_k - v_k}{D_k} - \frac{1}{T_n} \frac{\partial T_n}{\partial z} - \frac{1}{H_k} \right] \qquad (A.12)$$

Einsetzen von (A.12) in (A.9) ergibt:

$$\frac{\partial v_k}{\partial z} = \frac{P_k - L_k}{n_k} - d' - v_k \left[\frac{V_k - v_k}{D_k} - \frac{1}{T_n} \frac{\partial T_n}{\partial z} - \frac{1}{H_k} \right] \qquad (A.13)$$

Der erste Term auf der rechten von (A.13) sowie der erste Term in der eckigen Klammer fallen mit zunehmender Höhe exponentiell ab. Ausgenommen hiervon ist lediglich der Term L_k/n_k für O_2, der höhenunabhängig wird (s. (A.6) und (A.8)). Wir können daher den oberen Rand unseres Integrationsintervalls so legen, daß die genannten Terme vernachlässigbar klein werden. Eine obere Randhöhe von 300 km wird dieser Forderung gerecht. Außerdem wird man in dieser Höhe $\partial T_n / \partial z = 0$ setzen dürfen. Damit reduziert sich für $z \geq 300$ km (A.13) zu

$$\frac{\partial v_k}{\partial z} = -d' + \frac{v_k}{H_k} \qquad \text{für O und } N_2 \text{ bzw. zu}$$

$$\frac{\partial v_k}{\partial z} = -d' - J + \frac{v_k}{H_k} \qquad \text{für } O_2.$$

Diese Gleichungen lassen sich leicht analytisch lösen. Mit der zusätzlichen Forderung, daß der vertikale Fluß für $z \to \infty$ endlich bleibt, lauten die Lösungen

$$v_k = H_k d' \qquad \text{für O und } N_2 \text{ bzw.}$$

$$v_k = H_k (d' + J) \qquad \text{für } O_2 \qquad (A.14)$$

Die Gleichungen (A.12) und (A.14) legen die Steigung von n_k am oberen Rand fest, wodurch die obere Randbedingung bestimmt ist.

Anhang B

Numerisches Lösungsschema

Die Kontinuitätsgleichungen für die einzelnen Ionen- und Neutralgasbestandteile, die Bewegungsgleichungen für die Horizontalkomponenten der Neutralgasgeschwindigkeit sowie die Energiegleichungen für das Elektronen- und Ionengas lassen sich in der gemeinsamen Form

$$\frac{\partial y^{(k)}}{\partial t} = f_1^{(k)} \frac{\partial^2 y^{(k)}}{\partial z^2} + f_2^{(k)} \frac{\partial y^{(k)}}{\partial z} + f_3^{(k)} y^{(k)} + f_4^{(k)} \qquad (B.1)$$

darstellen. $y^{(k)}$ steht für die jeweilige Unbekannte. Die Koeffizienten $f_1^{(k)}, \ldots, f_4^{(k)}$ hängen nicht nur von der Zeit t und der Höhe z ab, sondern teilweise auch von den Unbekannten $y^{(l)}$ ($l \neq k$) und $y^{(k)}$ und deren Ableitungen. Dadurch beschreibt (B.1) ein gekoppeltes nichtlineares partielles Differentialgleichungssystem vom parabolischen Typ. Insbesondere für die Neutralgas-Kontinuitätsgleichungen (Anhang A 4) ist $\partial y^{(k)} / \partial t = 0$.

Wir führen, den beiden unabhängigen Variablen t und z zugeordnet, ein zweidimensionales äquidistantes Stützpunkt-Netz (t_i, z_j) mit den Schrittweiten Δt und Δz ein. Den Differentialquotienten nach t ersetzen wir durch den vorwärts genommenen Differenzenquotienten

$$\frac{\partial y^{(k)}}{\partial t} \rightarrow \frac{y_{i+1,j}^{(k)} - y_{i,j}^{(k)}}{\Delta t} ,$$

die Ableitungen nach z durch die zentralen Differenzenquotienten

$$\frac{\partial y^{(k)}}{\partial z} \rightarrow \frac{y_{i+1,j+1}^{(k)} - y_{i+1,j-1}^{(k)}}{2 \Delta z}$$

$$\frac{\partial^2 y^{(k)}}{\partial z^2} \rightarrow \frac{y_{i+1,j+1}^{(k)} - 2 y_{i+1,j}^{(k)} + y_{i+1,j-1}^{(k)}}{(\Delta z)^2}$$

sowie $y^{(k)}$ durch

$$y^{(k)} \rightarrow y_{i+1,j}^{(k)}$$

Wir erhalten dadurch ein rein implizites Differenzenschema, das zum Zeitpunkt t_{i+1} bei n Höhenstützstellen ein tridiagonales Gleichungssystem mit n+2 Variablen darstellt. Die beiden überschüssigen Variablen werden durch die Randbedingungen bestimmt. $y_{i,j}^{(k)}$ ist die zum vorigen Zeitpunkt ermittelte Lösung oder, falls i = 1, der Anfangswert in der Höhe z_j. Zur Lösung des Gleichungssystems verwenden wir den Gaußschen Algorithmus.

Die Benutzung eines impliziten Differenzenschemas hat den Vorteil, daß die Schrittweiten Δz und Δt, den Genauigkeitsanforderungen entsprechend, frei wählbar sind und nicht über eine Stabilitätsbedingung miteinander verknüpft sind.

Die gekoppelten Differentialgleichungen werden in einer vorgegebenen Reihenfolge, die durch den Index k gekennzeichnet werde, gelöst. Für die k-te Differentialgleichung werden in den Koeffizienten

$f_1^{(k)}, \ldots, f_4^{(k)}$ die benötigten Funktionswerte $y^{(l)}$ den zum gleichen Zeitpunkt t_{i+1} ermittelten Lösungen entnommen, falls $l < k$ ist, andernfalls den Lösungen zum vorherigen Zeitpunkt t_i (bzw. bei $i = 1$ dem Anfangsprofil).

Die einzelnen **Differentialgleichungen** werden mit den folgenden Schrittweiten gelöst:

	Δt	Δz
Neutralgas-Kontinuitätsgleichungen	--	0.25 km
Ionen-Kontinuitätsgleichungen	10 min	5 km
Neutralgas-Bewegungsgleichungen	20 min	5 km
Elektronen- und Ionen-Energiegleichungen	10 min	10 km

Da die Vorgabe der Anfangsprofile nicht willkürfrei sein kann, ist eine Anlaufrechnung nötig. Eine Anlaufzeit von 12 Stunden erweist sich als ausreichend. Bei den zeitunabhängigen Gleichungen ist die Anlaufrechnung durch einen Iterationsprozeß zu ersetzen. Je nach Wahl der Eingabeparameter ist eine 15- bis 40-fache Iteration erforderlich.

Anhang C

Ionen-Stoßzahlen

Die Ionen-Stoßzahlen bestimmen die Reibungskraft, durch die der Neutralgaswind gebremst wird (Abschnitt 2.12), die Diffusionsgeschwindigkeit des ionosphärischen Plasmas (Abschnitt 2.22) sowie die Wärmeübertragungsrate der einzelnen Ionengase im Kontakt mit dem Elektronen- und Neutralgas (Abschnitt 2.24). Sie spielen damit eine zentrale Rolle in der Theorie der Ionosphäre und der Neutralgasatmosphäre.

Wir haben drei Arten von Ionenstößen zu unterscheiden:

1. Stöße zwischen Ionen und nichtverwandten ("non parent") Neutralgasteilchen, etwa $O^+ - O_2$ oder $O^+ - N_2$.
2. Stöße zwischen Ionen und verwandten ("parent") Neutralgasteilchen, etwa $O^+ - O$ oder $H^+ - H$.
3. Stöße zwischen Ionen verschiedener Sorten oder Ionen und Elektronen.

Die Definition einer Stoßzahl, die sinnvoll zur Beschreibung der Reibungskraft und der Wärmeübertragungsrate herangezogen werden kann, ist in gewissem Maße willkürlich, da in keinem der drei Fälle Stöße mit "Oberflächenberührung" den wesentlichen Anteil der Stoß-Wechselwirkung tragen. Entsprechend sind in der Literatur verschiedene Stoßzahl-Definitionen gebräuchlich [STUBBE, 1968]. Von diesen sollte diejenige bevorzugt werden, die bei Anwendung auf Gase aus starren Kugeln die Zahl der "echten Stöße" liefert.

Legt man für beide in Stoß-Wechselwirkung stehenden Gase eine um die jeweilige makroskopische Geschwindigkeit verschobene Maxwell-Verteilung (s. Gl. (5a)) zugrunde, so folgen für die Reibungskraft pro Volumeneinheit, $\underline{k}_r$, und die pro Volumen- und Zeiteinheit übertragene Wärmemenge Q_T die Beziehungen [STUBBE, 1968 und 1971]

$$\underline{k}_r = - n_j \, v_{jk}^{(M)} \, \mu_{jk} \, (\underline{v}_j - \underline{v}_k) \tag{C.1}$$

$$Q_T = 2 n_j \frac{\mu_{jk}^2}{m_j m_k} \left\{ -\frac{3}{2} v_{jk}^{(E)} k (T_j - T_k) + \frac{1}{2} \frac{T_j}{T_{jk}} v_{jk}^{(M)} m_k (\underline{v}_j - \underline{v}_k)^2 \right\} \tag{C.2}$$

worin $v_{jk}^{(M)}$ und $v_{jk}^{(E)}$ abkürzend für

$$v_{jk}^{(M)} = \frac{4\pi}{3} n_k \left(\frac{\mu_{jk}}{kT_{jk}}\right) \left(\frac{\mu_{jk}}{2\pi k T_{jk}}\right)^{3/2} \exp\left\{-\frac{\mu_{jk}}{2kT_{jk}} (\underline{v}_j - \underline{v}_k)^2\right\}$$

$$\sum_{l=0}^{\infty} \frac{3}{2l+3} \frac{1}{(2l+1)!} \int_0^{\infty} \left(\frac{\mu_{jk}}{2kT_{jk}} |\underline{v}_j - \underline{v}_k| g\right)^{2l} Q(g) \, g^5 \exp\left\{-\frac{\mu_{jk}}{2kT_{jk}} g^2\right\} dg \tag{C.3}$$

$$v_{jk}^{(E)} = \frac{4\pi}{3} n_k \left(\frac{\mu_{jk}}{kT_{jk}}\right) \left(\frac{\mu_{jk}}{2\pi k T_{jk}}\right)^{3/2} \exp\left\{-\frac{\mu_{jk}}{2kT_{jk}} (\underline{v}_j - \underline{v}_k)^2\right\}$$

$$\sum_{l=0}^{\infty} \frac{1}{(2l+1)!} \int_0^{\infty} \left(\frac{\mu_{jk}}{2kT_{jk}} |\underline{v}_j - \underline{v}_k| g\right)^{2l} Q(g) \, g^5 \exp\left\{-\frac{\mu_{jk}}{2kT_{jk}} g^2\right\} dg \tag{C.4}$$

stehen. Es bedeuten:

g = Betrag der Relativgeschwindigkeit vor Beginn der Stoß-Wechselwirkung

$T_{jk} = \mu_{jk} \left(\frac{T_j}{m_j} + \frac{T_k}{m_k}\right)$ = "reduzierte Temperatur"

$Q(g) = 2\pi \int_0^{\infty} (1 - \cos\chi) \, b \, db = 4\pi \int_0^{\infty} \cos^2\Theta \, b \, db$ = Stoßquerschnitt

χ = Deflektionswinkel

Θ = $90 + \chi/2$

b = Stoßparameter

Zwischen $\underline{P}_r$ nach Gl. (10) und $\underline{k}_r$ nach Gl. (C.1) besteht der Zusammenhang $\underline{P}_r = \underline{k}_r / n_k m_k$.

Die Größen $v_{jk}^{(M)}$ und $v_{jk}^{(E)}$ lassen sich, da sie die Einheit (Zeit)$^{-1}$ haben, als Stoßzahlen auffassen. Es ist, wie wir aus (C.1) bis (C.4) sehen, nicht möglich, für die Impuls- und die Energieübertragung eine einheitliche Stoßzahl zu definieren. Die beiden Stoßzahlen unterscheiden sich in ihrer Abhängigkeit von $|\underline{v}_j - \underline{v}_k|$, wobei $v_{jk}^{(E)}$ einen wesentlich stärkeren Anstieg mit $|\underline{v}_j - \underline{v}_k|$ zeigt als $v_{jk}^{(M)}$. Bei Beschränkung auf Temperaturen größer als 500 °K und Geschwindigkeitsdifferenzen kleiner als 300 m sec^{-1} können wir jedoch die Geschwindigkeitsabhängigkeit der Stoßzahlen vernachlässigen, wobei der Fehler für $v_{jk}^{(M)}$ nicht größer als 2% und der für $v_{jk}^{(E)}$ nicht größer als 10% wird. Wir gelangen damit zu einer gemeinsamen Stoßzahl für die Impuls- und Energieübertragung:

$$v_{jk} = \frac{4\pi}{3} n_k \left(\frac{\mu_{jk}}{kT_{jk}}\right) \left(\frac{\mu_{jk}}{2\pi kT_{jk}}\right)^{3/2} \int_0^\infty Q(g)\, g^5 \exp\left\{-\frac{\mu_{jk}}{2kT_{jk}} g^2\right\} dg \qquad (C.5)$$

Gleichung (C.5) erfüllt die Bedingung, bei Anwendung auf Gase aus starren Kugeln die Zahl der echten Zusammenstöße eines Teilchens der Sorte j mit Teilchen der Sorte k pro Zeiteinheit zu ergeben. Die Gesamtstoßzahl pro Volumen- und Zeiteinheit ist $n_j v_{jk} = n_k v_{kj}$.

Die bisherige Formulierung ist allgemein gültig. Unterschiede für die einzelnen zu Beginn genannten Stoßarten ergeben sich erst bei der Gewinnung des Stoßquerschnittes.

C 1 Stöße zwischen Ionen und nichtverwandten Neutralgasteilchen

Die Theorie der Stöße zwischen Ionen und nichtverwandten Neutralgasteilchen wurde bereits 1905 von LANGEVIN aufgestellt und später von HASSÉ [1926] neu formuliert. Das wesentliche Merkmal dieser Stöße besteht darin, daß durch die Wirkung des Ionen-Dipol-Potentials für kleine Temperaturen die Stoßzahl unabhängig vom gaskinetischen Radius und nahezu unabhängig von der Temperatur wird. Erst bei Temperaturen oberhalb von etwa 2500 °K wird v_{jk} von der Wirkung der Polarisationskräfte unabhängig und nimmt die bekannte $T^{1/2}$-Abhängigkeit an. Für den Temperaturbereich der oberen Atmosphäre läßt sich v_{jk} approximieren durch

$$v_{jk} = 6.94 \left(\frac{\eta e^2}{\mu_{jk}}\right)^{1/2} n_k \qquad (C.6)$$

Hierin ist η die als skalar angenommene Polarisierbarkeit des Neutralgasteilchens und e die Elementarladung. Die Vernachlässigung der Temperaturabhängigkeit führt zu maximalen Fehlern von etwa 20 %. Einige Zahlenwerte für die wichtigsten Stoßprozesse im Bereich der F-Schicht sind [STUBBE, 1968]:

$v(O^+, O_2)$	=	$1.00 \cdot 10^{-9}$	$n(O_2)$	sec^{-1}
$v(O^+, N_2)$	=	$1.08 \cdot 10^{-9}$	$n(N_2)$	sec^{-1}
$v(O^+, H)$	=	$2.19 \cdot 10^{-9}$	$n(H)$	sec^{-1}
$v(O^+, He)$	=	$0.66 \cdot 10^{-9}$	$n(He)$	sec^{-1}
$v(NO^+, O_2)$	=	$0.83 \cdot 10^{-9}$	$n(O_2)$	sec^{-1}
$v(NO^+, N_2)$	=	$0.90 \cdot 10^{-9}$	$n(N_2)$	sec^{-1}
$v(NO^+, O)$	=	$0.76 \cdot 10^{-9}$	$n(O)$	sec^{-1}
$v(O_2^+, N_2)$	=	$0.89 \cdot 10^{-9}$	$n(N_2)$	sec^{-1}
$v(O_2^+, O)$	=	$0.75 \cdot 10^{-9}$	$n(O)$	sec^{-1}
$v(N_2^+, O)$	=	$0.76 \cdot 10^{-9}$	$n(O)$	sec^{-1}
$v(N^+, N_2)$	=	$1.12 \cdot 10^{-9}$	$n(N_2)$	sec^{-1}
$v(N^+, O)$	=	$0.89 \cdot 10^{-9}$	$n(O)$	sec^{-1}
$v(H^+, O)$	=	$2.52 \cdot 10^{-9}$	$n(O)$	sec^{-1}
$v(H^+, He)$	=	$1.33 \cdot 10^{-9}$	$n(He)$	sec^{-1}
$v(He^+, O)$	=	$1.36 \cdot 10^{-9}$	$n(O)$	sec^{-1}
$v(He^+, H)$	=	$2.37 \cdot 10^{-9}$	$n(H)$	sec^{-1}

C 2 Stöße zwischen Ionen und verwandten Neutralgasteilchen

Stöße zwischen Ionen und verwandten (kerngleichen) Neutralgasteilchen bedürfen einer speziellen Behandlung, obwohl natürlich auch zwischen ihnen das gleiche Ionen-Dipol-Potential wirkt. Der Grund hierfür liegt darin, daß bei Auftreten eines Ladungsaustausches während des Stoßes die Teilchen ihre Identität vertauschen, so daß der Deflektionswinkel χ in $\chi' = 180 - \chi$ (bzw. $\Theta' = 270 - \Theta$) überführt wird [HOLSTEIN, 1952]. Damit ist der Stoßquerschnitt für Stöße mit Ladungsaustausch gegeben durch

$$Q'(g) = 4\pi \int_0^\infty \cos^2\Theta' \, b \, db = 4\pi \int_0^\infty \sin^2\Theta \, b \, db,$$

für Stöße ohne Ladungsaustausch durch

$$Q(g) = 4\pi \int_0^\infty \cos^2\Theta \, b \, db.$$

Ist $P_{ex}(b, g)$ die (zwischen 0 und 1 liegende) Ladungsaustauschwahrscheinlichkeit, so ergibt sich für den mittleren Stoßquerschnitt

$$\bar{Q}(g) = 4\pi \int_0^\infty P_{ex} \sin^2\Theta \, b \, db + 4\pi \int_0^\infty (1 - P_{ex}) \cos^2\Theta \, b \, db.$$

Nach einfacher Umrechnung folgt

$$\bar{Q}(g) = 4\pi \int_0^\infty P_{ex} \, b \, db + 4\pi \int_0^\infty (1 - 2 P_{ex}) \cos^2\Theta \, b \, db. \tag{C.7}$$

Nach HOLSTEIN [1952] ist P_{ex} für $b < b_c$ eine rasch zwischen 0 und 1 oszillierende Funktion von b, während für $b > b_c$ ein exponentieller Abfall erfolgt. Approximiert man P_{ex} für $b < b_c$ durch 0.5 und für $b > b_c$ durch 0 und vernachlässigt man ferner den Anteil des zweiten Integrals für $b > b_c$, was zu einem Fehler von etwa 10 % führt, so folgt

$$\bar{Q}(g) \approx \pi b_c^2. \tag{C.8}$$

Als gemessene Größe steht in der Literatur [STEBBINGS, SMITH und EHRHARDT, 1964] der sog. Ladungsaustausch-Querschnitt

$$S_{ex} = 2\pi \int_0^\infty P_{ex} \, b \, db \approx \frac{\pi}{2} b_c^2$$

für Energien im eV-Bereich zur Verfügung. Extrapolation dieser experimentellen Ergebnisse zu thermischen Energien hin unter approximativer Berücksichtigung des Einflusses der Polarisationskräfte ergibt für die wichtigsten Stoßzahlen [STUBBE, 1968]:

$$\nu(O^+, O) = 1.86 \cdot 10^{-9} \, (T/1000)^{0.37} \, n(O) \quad \sec^{-1}$$
$$\nu(H^+, H) = 12.03 \cdot 10^{-9} \, (T/1000)^{0.38} \, n(H) \quad \sec^{-1}$$
$$\nu(He^+, He) = 2.92 \cdot 10^{-9} \, (T/1000)^{0.37} \, n(He) \quad \sec^{-1}$$
$$\nu(N^+, N) = 1.75 \cdot 10^{-9} \, (T/1000)^{0.34} \, n(N) \quad \sec^{-1}$$
$$\nu(O_2^+, O_2) = 1.17 \cdot 10^{-9} \, (T/1000)^{0.28} \, n(O_2) \quad \sec^{-1}$$
$$\nu(N_2^+, N_2) = 2.11 \cdot 10^{-9} \, (T/1000)^{0.38} \, n(N_2) \quad \sec^{-1}$$

T steht hier für die reduzierte Temperatur der jeweiligen Stoßpartner.

C 3 Stöße zwischen Ionen verschiedener Sorten oder Ionen und Elektronen

Das Problem bei dieser Stoßart liegt darin, daß für ein Coulomb-Potential der Stoßquerschnitt bei Integration über b von 0 bis ∞ nicht konvergiert. Man ist daher gezwungen, eine künstliche Integrationsobergrenze einzuführen, die nicht mehr durch die Eigenschaften der beiden Stoßpartner bestimmt ist, sondern durch die Art und Verteilung der umgebenden Teilchen. Damit bricht das Konzept eines reinen Zweierstoßes zusammen. Rein rechnerisch jedoch läßt sich die gegebene Situation einer Vielfach-Wechselwirkung näherungsweise wie eine Zweier-Wechselwirkung behandeln, wenn nur als obere Integrationsgrenze der Debye-Radius angesetzt wird [SPITZER, 1962]. Da die Integrationsgrenze in die Stoßzahl logarithmisch eingeht, werden die Mängel dieser einfachen Vorschrift, die angesichts der Komplexität des ionosphärischen Plasmas zweifellos bestehen, die Ergebnisse nicht wesentlich beeinflussen.

Nach BANKS [1966] ergibt sich für die Stoßzahl zwischen Ionen und Elektronen, ν_{je}, sowie für die Stoßzahl zwischen verschiedenen Ionen, ν_{jk}:

$$\nu_{je} = 1.7 \cdot 10^{-3} \left(\frac{1000}{T_e(°K)}\right)^{3/2} n_e (cm^{-3}) \qquad sec^{-1} \qquad (C.9)$$

$$\nu_{jk} = 4.0 \cdot 10^{-5} \left(\frac{M_j + M_k}{M_j M_k}\right)^{1/2} \left(\frac{1000}{T_i(°K)}\right)^{3/2} n_k (cm^{-3}) \qquad sec^{-1} \qquad (C.10)$$

Hierin ist M das Atomgewicht der beteiligten Ionensorten.

Anhang D

Temperaturabhängigkeit der Reaktionskonstante für Ionen-Neutralgas-Reaktionen

Nach der Stoßtheorie kommt es bei einem Zusammenstoß zweier Teilchen nur dann zu einer chemischen Reaktion, wenn die relative kinetische Energie die sog. Aktivierungsenergie A überschreitet und wenn die Orientierung der Teilchen so ist, daß die reagierenden Gruppen einander hinreichend nahekommen. Der Bruchteil der Stöße, bei denen eine richtige Orientierung der Stoßpartner vorliegt, wird durch den sog. sterischen Faktor P angegeben, der im Rahmen der Stoßtheorie eine empirische Größe ist. Dieser Ansatz führt zu der bekannten Arrhenius-Gleichung

$$k_r \sim P \exp\{-A/kT\},$$

die trotz der Einfachheit der in sie eingehenden Annahmen mit erstaunlicher Genauigkeit die Temperaturabhängigkeit gemessener Reaktionskonstanten beschreibt.

Bei Anwendung dieses Konzeptes auf eine Ionen-Neutralgas-Reaktion haben wir den Einfluß des Ionen-Dipol-Potentials auf die relative kinetische Energie zu berücksichtigen. Eine solche Rechnung wurde von STUBBE [1969] durchgeführt. Das Ergebnis zeigt, daß die Temperaturabhängigkeit der Reaktionskonstante durch einen bestimmten Wert der Aktivierungsenergie, A_o, in zwei Gruppen geteilt wird. Für $A < A_o$ zeigt k_r mit zunehmender Temperatur zunächst einen Abfall, um dann jenseits eines breiten Minimums in einen schwachen Anstieg überzugehen. Für $A \geqslant A_o$ dagegen steigt k_r monoton mit T an. A_o ist die relative kinetische Energie, die ein Teilchen im Ionen-Dipol-Potential für b = 0 bei Annäherung bis r = σ gewinnt (b = Stoßparameter, r = Teilchenabstand, σ = Summe der gaskinetischen Radien). Für $|\underline{v}_j - \underline{v}_k| = 0$ ergibt sich die Reaktionskonstante zu:

$$k_r(j,k) = P \pi \sigma^2 \left(\frac{8kT}{\pi \mu_{jk}}\right)^{1/2} \exp\left\{-\frac{A-A_o}{kT}\right\} \qquad \text{für } A \geqslant A_o \qquad (D.1a)$$

$$k_r(j,k) = P \left[\pi \sigma^2 \left(\frac{8kT}{\pi \mu_{jk}}\right)^{1/2} \exp\left\{-\frac{1}{kT}(A+A_o - 2\sqrt{AA_o})\right\} \right. \qquad (D.1b)$$

$$\left. + 2\pi \left(\frac{e^2 \eta}{\mu_{jk}}\right)^{1/2} \frac{2}{\sqrt{\pi}} \int_0^{u_o} e^{-u^2} du \right] \qquad \text{für } A < A_o$$

mit $\quad u_o = \left[\frac{1}{kT}(A+A_o - 2\sqrt{AA_o})\right]^{1/2}$ und

$\quad A_o = \frac{e^2 \eta}{2\sigma^4}$.

Für $A = A_o$ liefern (D.1a) und (D.1d) das gleiche Ergebnis, nämlich

$$k_r(j,k) = P \pi \sigma^2 \left(\frac{8kT}{\pi \mu_{jk}}\right)^{1/2} \qquad \text{für } A = A_o. \qquad (D.1c)$$

Für ein nicht polarisierbares Neutralgas ($\eta = 0$ und somit $A_o = 0$) folgt aus (D.1a) und (D.1b) die Arrhenius-Gleichung

$$k_r(j,k) = P \pi \sigma^2 \left(\frac{8kT}{\pi \mu_{jk}}\right)^{1/2} \exp\left\{-\frac{A}{kT}\right\}. \qquad (D.1d)$$

Für $A < A_o$ und $T \to 0$ geht k_r über in

$$k_r(j,k) = P \, 2\pi \left(\frac{e^2 \eta}{\mu_{jk}}\right)^{1/2}, \qquad (D.1e)$$

eine Beziehung, die zuerst von GIOUMOUSIS und STEVENSON [1958] angegeben wurde und häufig in der Literatur zitiert wird. Es ist jedoch offenbar, daß (D.1e) nur in sehr speziellen Fällen eine befriedigende Beschreibung der Reaktionskonstante geben kann.

Wir sehen aus (D.1a), daß für $A > A_o$ die einzige Änderung gegenüber der Arrhenius-Gleichung in einer Verkleinerung der wirksamen Aktivierungsenergie um A_o besteht. Für $A < A_o$ dagegen nimmt, wie bereits ausgeführt, $k_r(T)$ einen völlig anderen Verlauf an: Für T = 0 ergibt sich der durch (D.1e) gegebene Wert. Mit ansteigendem T nimmt k_r bis zu einem Minimum, das bei

$$T_{min} = \frac{2A_o}{k}\left[\left(\frac{A}{A_o}\right)^{1/2} - \frac{A}{A_o}\right] \qquad (D.2)$$

erreicht wird, ab, um anschließend monoton anzusteigen. Dieser durch die Aktivierungsenergie bestimmten Temperaturabhängigkeit von k_r überlagert sich eine schwache Temperaturabhängigkeit des sterischen Faktors P. Nach der Theorie des Übergangszustandes (s. z.B. FROST und PEARSON [1964], Kap. 5) ist P durch die Zustandssummen der reagierenden Teilchen und des kurzzeitig aus den Reaktionspartnern gebildeten "aktivierten Komplexes" bestimmt. Somit hängt P von der Zahl und der Konfiguration der den aktivierten Komplex bildenden Atome ab. Insbesondere gilt, wenn die Reaktionspartner ein Atomion und ein Zwei-Atom-Molekül sind und der aktivierte Komplex nichtlinear ist,

$$P = P_o \, T^{-1/2} \frac{(1 - \exp\{-h\nu/kT\})_{\text{Molekül}}}{(1 - \exp\{-h\nu/kT\})^2_{\text{Komplex}}} \qquad (D.3)$$

mit ν der Vibrationsfrequenz. In (D.3) ist angenommen, daß die beiden Vibrationsfrequenzen des Komplexes gleich sind. Nimmt man ferner an, daß sie gleich der des Moleküls sind, so erhalten wir für die Reaktion $O^+ + N_2 \to NO^+ + N$ ($\nu = 7 \cdot 10^{13}$ sec^{-1}) die in Abb. 42 dargestellte Temperaturabhängigkeit von k_r/P_o.

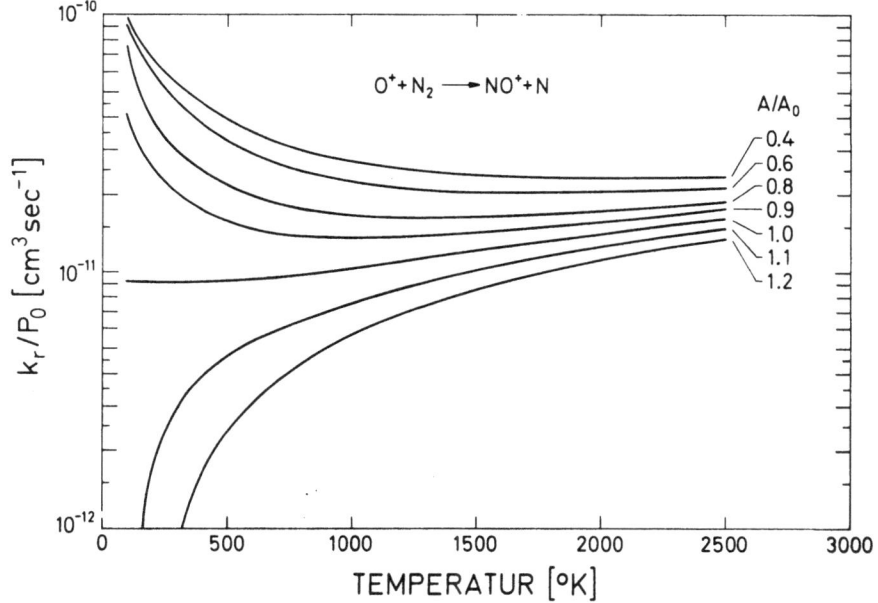

Abb. 42: Reaktionskonstante für $O^+ + N_2 \to NO^+ + N$ in Abhängigkeit von der Temperatur in willkürlichen Einheiten für verschiedene Werte der Aktivierungsenergie.

Wir erkennen, daß für Aktivierungsenergien kleiner als A_o die Temperaturabhängigkeit der Reaktionskonstante im Bereich ionosphärischer Temperaturen vernachlässigt werden kann. Als Kennzeichen hierfür - und gleichzeitig als Beweis für die prinzipielle Richtigkeit der hier skizzierten und in STUBBE [1969] ausgeführten Theorie - hat die Tatsache zu dienen, daß für niedrige Temperaturen (T < 500° K) k_r eine negative Temperaturabhängigkeit besitzt. Tatsächlich zeigen die Reaktionskonstanten $k_r(3,1)$ und $k_r(3,2)$, die einzigen, für die Messungen zu verschiedenen Temperaturen vorliegen, das gewünschte Verhalten [DUNKIN et al., 1968]. Diese experimentellen Ergebnisse haben mehrere Autoren [z.B. STERLING et al., 1969] dazu veranlaßt, die gefundene Temperaturabhängigkeit durch ein T^{-1}-Gesetz über den Meßbereich hinaus zu extrapolieren. Nach Abb. 42 ist hierfür keine Berechtigung vorhanden. Da auch die Ergebnisse von BOHME et al. [1967], die den Energiebereich 0.1 bis 30 eV umfassen, für höhere Energien einen Anstieg der Reaktionskonstanten $k_r(3,1)$ und $k_r(3,2)$ mit zunehmender Energie zeigen, erscheint für den Bereich ionosphärischer Temperaturen die Annahme temperaturunabhängiger Reaktionskonstanten gerechtfertigt.

Anhang E

Die Koeffizienten der Ionen-Kontinuitätsgleichungen

Die Koeffizienten $f_1^{(j)}, \ldots, f_4^{(j)}$ der in allgemeiner Form geschriebenen Ionen-Kontinuitätsgleichungen (61) ergeben sich mittels der in Abschnitt 2.22 hergeleiteten Beziehungen für die Ionengeschwindigkeit unter Verwendung der folgenden Abkürzungen

$$n_j' = n_e - n_j$$

$$a_{1j} = \frac{1}{R_j'} \sum_{i \neq j} S_{ji} v_{iz} + \frac{R_j}{R_j'} v_z \qquad \text{(s. Gl. (53) und (54))}$$

$$a_{2j} = \frac{k \sin^2 I}{R_j'}$$

$$a_{3j} = T_i + \frac{n_j'}{n_e} T_e$$

$$a_{4j} = \frac{m_j g}{k}$$

$$a_{5j} = -\frac{2 a_{4j}}{R_o + z} \qquad (R_o = \text{Erdradius})$$

$$b_{1j} = \frac{T_e}{n_e} \frac{\partial n_j'}{\partial z}$$

$$b_{2j} = \frac{\partial}{\partial z} \left[(1 - \beta_j) T_i + T_e \right]$$

$$b_{3j} = \frac{\partial}{\partial z} \left(T_i + \frac{n_j'}{n_e} T_e \right)$$

$$b_{4j} = \frac{\partial a_{1j}}{\partial z}$$

$$b_{5j} = \frac{1}{R_j'} \frac{\partial R_j'}{\partial z}$$

$$c_{1j} = \frac{\partial}{\partial z} \left(\frac{T_e}{n_e} \frac{\partial n_j'}{\partial z} \right)$$

$$c_{2j} = \frac{\partial^2}{\partial z^2} \left[(1 - \beta_j) T_i + T_e \right]$$

zu

$$f_1^{(j)} = a_{2j} a_{3j}$$

$$f_2^{(j)} = a_{2j}(a_{4j} + b_{1j} + b_{2j} + b_{3j}) - a_{1j} - a_{2j}a_{3j}b_{5j}$$

$$f_3^{(j)} = a_{2j}(a_{5j} + c_{1j} + c_{2j}) - b_{4j} - a_{2j}b_{5j}(a_{4j} + b_{1j} + b_{2j}) - L_j/n_j$$

$$f_4^{(j)} = P_j$$

Bei Anwendung dieser Beziehungen auf die Ionen O_2^+, N_2^+ und NO^+ tritt R_j an die Stelle von R'_j. Der Koeffizient a_{1j} vereinfacht sich dann zu v_z.

Literaturverzeichnis

BAILEY, G.J. und R.J. MOFFETT: Atomic nitrogen ions in the F-region. - Planet. Space Sci. $\underline{20}$, 616 - 621, 1972.

BANKS, P.M.: Electron thermal conductivity in the ionosphere. - Earth Plan. Sci. Lett. $\underline{1}$, 151 - 154, 1966.

BANKS, P.M.: Collision frequencies and energy transfer. - Planet. Space Sci. $\underline{14}$, 1085 - 1122, 1966.

BANKS, P.M.: The temperature coupling of ions in the ionosphere. - Planet. Space Sci. $\underline{15}$, 77 - 93, 1967.

BANKS, P.M. und A.F. NAGY: Concerning the influence of elastic scattering upon photoelectron transport and escape. - J. Geophys. Res. $\underline{75}$, 1902 - 1910, 1970.

BAUER, S.J.: Physics of planetary ionospheres. - Springer-Verlag, in Vorbereitung.

BECKER, W.: Die Bestimmung der wahren Verteilung der Elektronendichte in der Ionosphäre. - A.E.Ü. $\underline{9}$, 277 - 284, 1955.

BECKER, W.: The temperature of the F-region deduced from electron number density profiles. - J. Geophys. Res. $\underline{72}$, 2001 - 2006, 1967.

BECKER, W.: Einige Ergebnisse aus Lindauer Elektronendichteprofil-Berechnungen für die innere und äußere Ionosphäre. - Kleinheub. Ber. $\underline{14}$, 145 - 154, 1971.

BEDINGER, J.F.: Thermospheric motions measured by chemical releases. - Space Research XII, 919 - 934, Akademie-Verlag, Berlin 1972.

BHATNAGAR, V.P.: Atomic nitrogen ions in the F1-region. - Ann. Geophys. $\underline{28}$, in Vorbereitung, 1973.

BOTHE, G.-P.: Der Einfluß von O_2^+- und NO^+-Ionen auf die Struktur der F-Region der Ionosphäre. - Diplomarbeit, Göttingen 1971.

BRACE, L.H., H.G. MAYR, M.W. PHARO, L.R. SCOTT, N.W. SPENCER und G.R. CARIGNAN: The electron heating rate and ion chemistry in the thermosphere above Wallops Island during the solar eclipse of March 7, 1970. - International Symposium on the March 1970 Eclipse, Seattle, USA, 18. - 21. Juni 1971.

CAMPBELL, I.M. und B.A. THRUSH: in DASA Rate Handbook, 1967.

CARPENTER, L.A. und S.A. BOWHILL: Investigation of the physics of dynamical processes in the topside F-region. - Aeronomy Report No. 44, University of Illinois, Urbana, USA, 1971.

CHAPMAN, S.: The absorption and dissociative or ionizing effect of monochromatic radiation in an atmosphere on a rotating earth. - Proc. Phys. Soc. (London) $\underline{43}$, 26 - 45, 1931.

CHAPMAN, S. und T.G. COWLING: The mathematical theory of non-uniform gases. - University Press, Cambridge 1960.

CHAMPION, K.S.W.: Variations with season and latitude of density, temperature, and composition in the lower thermosphere. - Air Force Cambridge Research Laboratories, AFCRL-67-0161, März 1967.

CHANDRA, S. und A.K. SINHA: The diurnal heat budget of the thermosphere. - NASA Report X-621-72-185, 1972.

CHANDRA, S. und P. STUBBE: On explaining the F-region seasonal anomaly in terms of composition changes in the lower atmosphere. - Planet. Space Sci. $\underline{19}$, 1014 - 1016, 1971.

CIRA 65: Cospar International Reference Atmosphere. - North-Holland Publishing Company, Amsterdam 1965.

DALGARNO, A. und M.B. McELROY: The fluorescence of solar ionizing radiation. - Planet. Space Sci $\underline{13}$, 947-957, 1965.

DALGARNO, A., M.B. McELROY und R.J. MOFFETT:
Electron temperatures in the ionosphere. - Planet. Space Sci. $\underline{11}$, 463-484, 1963.

DALGARNO, A., M.B. McELROY, M.H. REES und J.C.G. WALKER:
The effect of oxygen cooling on ionospheric electron temperatures. - Planet. Space Sci. $\underline{16}$, 1371-1380, 1968.

DALGARNO, A. und F.S. SMITH: The thermal conductivity and viscosity of atomic oxygen. - Planet. Space Sci. $\underline{9}$, 1-2, 1962.

DOUGHERTY, J.P.: On the influence of horizontal motion of the neutral air on the diffusion equation of the F-region. - J. Atmosph. Terr. Phys. $\underline{20}$, 167-176, 1961.

DUNKIN, D.B., F.C. FEHSENFELD, A.L. SCHMELTEKOPF und E.E. FERGUSON:
Ion-molecule reaction studies from $300°$ to $600°$ K in a temperature-controlled flowing afterglow system. - J. Chem. Phys. $\underline{49}$, 1365-1371, 1968.

DUNCAN, R.A.: F-region seasonal and magnetic-storm behaviour. - J. Atmosph. Terr. Phys. $\underline{31}$, 59-70, 1969.

McELROY, M.B.: Excitation of atmospheric helium. - Planet. Space Sci. $\underline{13}$, 403-433, 1965.

McELROY, M.B.: Atomic nitrogen ions in the upper atmosphere. - Planet. Space Sci. $\underline{15}$, 457-462, 1967.

EVANS, J.V.: Observations of F-region vertical velocities at Millstone Hill: 2. Evidence for fluxes into and out of the protonosphere. - Radio Science $\underline{6}$, 843-854, 1971.

FERGUSON, E.E.: Ionospheric ion-molecule reaction rates. - Rev. Geophys. $\underline{5}$, 305-327, 1967.

FERGUSON, E.E.: Laboratory measurements of F-region reaction rates. - Ann. Geophys. $\underline{25}$, 819-823, 1969.

FERRARO, V.C.A.: Diffusion of ions in the ionosphere. - Terr. Mag. $\underline{50}$, 215-222, 1945.

FROST, A.A. und R.G. PEARSON: Kinetik und Mechanismen homogener chemischer Reaktionen. - Verlag Chemie, Weinheim/Bergstr. 1964.

GIOUMOUSIS, G. und D.P. STEVENSON:
Reactions of gaseous molecule ions with gaseous molecules. - J. Chem. Phys. $\underline{29}$, 294-299, 1958.

HARRIS, I. und W. PRIESTER: Time-dependent structure of the upper atmosphere. - NASA Tech. Note D-1443, 1962.

HASSÉ, H.R.: Langevin's theory of ionic mobility. - Phil. Mag. $\underline{1}$, 139-160, 1926.

HEDIN, A.E., H.G. MAYR, C.A. REBER, G.R. CARIGNAN und N.W. SPENCER:
A global empirical model of thermospheric composition based on OGO-6 mass spectrometer measurements. - NASA Report X-621-72-103, 1972.

HINTEREGGER, H.E.: The extreme ultraviolet solar spectrum and its variation during a solar cycle. - Ann. Geophys. $\underline{26}$, 547-554, 1970.

HINTEREGGER, H.E. und L.A. HALL:
Solar XVV radiation and neutral particle distribution in the July 1963 thermosphere. - Space Research V, 1175-1190, North-Holland Publishing Company, Amsterdam, 1965.

HOLSTEIN, T.: Mobility of positive ions in their parent gases. - J. Phys. Chem. $\underline{56}$, 832-836, 1952.

JACCHIA, L.G.:	Static diffusion models of the upper atmosphere with empirical temperature profiles. - Smiths. Contrib. Astrophys. Vol. 8, No. 9 1965.
JACCHIA, L.G.:	Revised static models of the thermosphere and exosphere with empirical temperature profiles. - Smiths. Astrophys. Obs., Spec. Rep. 332, 1971.
KING, J.W. und H. KOHL:	Upper atmospheric winds and ionospheric drifts caused by neutral air pressure gradients. - Nature 206, 699-701, 1965.
KOHL, H.:	Ein globales Windsystem in der Thermosphäre und sein Einfluß auf die F-Schicht der Ionosphäre. - Habilitationsschrift, Universität Göttingen, 1972.
KOHL, H., J.W. KING und D. ECCLES:	Some effects of neutral air winds on the ionospheric F-layer. - J. Atmosph. Terr. Phys. 30, 1733-1744, 1968.
LANGEVIN, P.:	Une formule fondamentale de théorie cinétique. - Ann. Chim. Phys., Series 8, 5, 245-288, 1905.
LETTAU, H.:	Compendium of Meteorology. - Amer. Meteor. Soc., 320-333, Boston 1951.
MARRIOTT, R.T., D.E. St. JOHN, R.M. THORNE und S.V. VENKATESWARAN:	XUV image of the sun from eclipse observations of the ionospheric F-region. - International Symposium on the March 1970 Eclipse, Seattle, USA, 18.-21. Juni, 1971.
MARTYN, D.F.:	Atmospheric tides in the ionosphere, I. Solar tides in the F2 region. - Proc. Roy. Soc. (London) A 189, 241-260, 1947.
MAYR, H.G. und K.K. MAHAJAN:	Seasonal variation in the F2 region. - J. Geophys. Res. 76, 1017-1027, 1971.
MAYR, H.G. und H. VOLLAND:	Semiannual variations in the neutral composition. - Ann. Geophys. 27, 513-522, 1971.
MENTZONI, M.H. und R.V. ROW:	Rotational excitation and electron relaxation in nitrogen. - Phys. Rev. 130, 2312-2316, 1963.
MITRA, A.P.:	Nitric oxide in the mesosphere and its variations. - Space Research IX, 418-432, North-Holland Publishing Company, Amsterdam, 1969.
NIER, A.O.:	Measurement of thermospheric composition. - Space Research XII, 881-889, Akademie-Verlag, Berlin, 1972.
NISBET, J.S.:	Photoelectron escape from the ionosphere. - J. Atmosph. Terr. Phys. 30, 1257-1278, 1968.
ÖPIK, E.J. und S.F. SINGER:	Distribution of density in a planetary exosphere. - Physics of Fluids 2, 653-655, 1959.
PHARO, M.W., L.R. SCOTT, H.G. MAYR, L.H. BRACE und H.A. TAYLOR:	An experimental study of the ion chemistry and thermal balance in the E- and F-regions above Wallops Island. - Planet. Space Sci. 19, 15-25, 1971.
RANGASWAMY, S. und P.E. SCHMID:	Total electron content measurement with a geostationary satellite during the solar exlipse of March 7, 1970. - NASA-Report X-551-70-322, 1970.
RISHBETH, H.:	On explaining the behaviour of the ionospheric F-region. - Rev. Geophys. 6, 33-71, 1968.
RISHBETH, H., P. BAUER und W.B. HANSON:	Molecular ions in the F2 layer. - Planet. Space Sci. 20, 1287-1297, 1972.

ROSE, G., H. U. WIDDEL, A. AZCARRAGA und L. SANCHEZ:
Results of an experimental investigation of correlations between D-region neutral gas winds, density changes and short-wave radio-absorption. - Phil. Trans. R. Soc. London A 271, 529 - 545, 1972.

RÜSTER, R.: Die Änderung des Elektronendichteprofils der Ionosphäre über Tsumeb während erdmagnetischer Bai-Störungen. - Diplomarbeit, Göttingen 1964.

RÜSTER, R.: Solution of the coupled ionospheric continuity equations and the equations of motion for the ions, electrons and neutral particles. - J. Atmosph. Terr. Phys. 33, 137 - 147, 1971.

RÜSTER, R.: Zusammensetzungsänderungen der neutralen Atmosphäre und die jahreszeitliche Anomalie der F2-Schicht. - Kleinheub. Ber. 15, 57 - 65, 1972.

RÜSTER, R. und J. R. DUDENEY: The importance of the non-linear term in the equation of motion of the neutral atmosphere. - J. Atmosph. Terr. Phys. 34, 1075 - 1083, 1972.

SCHUNK, R. und J. C. G. WALKER: Thermal diffusion in the topside ionosphere for mixtures which include multiply-charged ions. - Planet. Space Sci. 17, 853 - 868, 1969.

SCHUNK, R. und J. C. G. WALKER: Thermal diffusion in the F2-region of the ionosphere. - Planet. Space Sci. 18, 535 - 557, 1970.

SHIMAZAKI, T.: Dynamic effects on atomic and molecular oxygen density distributions in the upper atmosphere. - J. Atmosph. Terr. Phys. 29, 723 - 747, 1967.

SHIMAZAKI, T. und A. R. LAIRD: Seasonal effects on distributions of minor neutral constituents in the mesosphere and lower thermosphere. - Radio Science 7, 23 - 43, 1972.

SPITZER, L.: Physics of Fully Ionized Gases, Kapitel 5, Interscience Publishers, New York 1962

STEBBINGS, R. F., A. H. C. SMITH und H. EHRHARDT:
Charge transfer between oxygen atoms and O^+ and H^+ ions. - J. Geophys. Res. 69, 2349 - 2355, 1964.

STERLING, D. L., W. B. HANSON, R. J. MOFFETT und R. G. BAXTER:
Influence of electromagnetic drifts and neutral air winds on some features of the F2 region. - Radio Science 11, 1005 - 1023, 1969.

STUBBE, P.: Theoretische Beschreibung des Verhaltens der nächtlichen F-Schicht. - Mitteilungen aus dem Max-Planck-Institut für Aeronomie Nr. 26, Springer-Verlag Berlin, Heidelberg, New York, 1966.

STUBBE, P.: Frictional forces and collision frequencies between moving ion and neutral gases. - J. Atmosph. Terr. Phys. 30, 1965 - 1985, 1968.

STUBBE, P.: Temperature dependence of the rate constants for the reactions $O^+ + O_2 \rightarrow O_2^+ + O$ and $O^+ + N_2 \rightarrow NO^+ + N$. - Planet. Space Sci. 17, 1221 - 1231, 1969.

STUBBE, P.: Simultaneous solution of ionospheric equations (Kurztitel). - J. Atmosph. Terr. Phys. 32, 865 - 903, 1970.

STUBBE, P.: Energy exchange and thermal balance problems in the ionosphere. - J. Scient. Industr. Res. 30, 379 - 381, 1971.

STUBBE, P. und W. S. VARNUM: Electron energy transfer rates in the ionosphere. - Planet. Space Sci. 20, 1121 - 1126, 1972.

SWARTZ, W. E.: Standard terms for ionospheric and atmospheric models. - Pennsylvania State University, Internal Report PSU-IRL-IR2, 1972.

SWARTZ, W. E.: Electron production, recombination, and heating in the F-region of the ionosphere. - Pennsylvania State University, Report PSU-IRL-SCI 381, 1972.

SWARTZ, W.E. und J.S. NISBET: Revised calculations of F-region ambient electron heating by photoelectrons. - J. Geophys. Res. 77, 6259 - 6261, 1972.

SWARTZ, W.E., J.S. NISBET und A.E.S. GREEN: Analytic expression for the energy-transfer rate from photoelectrons to thermal electrons. - J. Geophys. Res. 76, 8425 - 8426, 1971.

U.S. Standard Atmosphere Supplements, 1966: U.S. Government Printing Office, Washington, D.C. 1965.

WALDTEUFEL, P.: A study of seasonal changes in the lower thermosphere and their implications. - Planet. Space Sci. 18, 741 - 748, 1970.

WALDTEUFEL, P.: Une etude par diffusion incoherente de la haute atmosphere neutre. - These de doctorat d'etat es sciences physiques Faculte des Sciences de Paris, 1970.

WRIGHT, J.W.: Diurnal and seasonal changes in structure of the mid-latitude quiet ionosphere. - J. Res. -D. Radio Propagation (National Bureau of Standards) 66D, 297 - 312, 1962.

von ZAHN, U.: Neutral air density and composition at 150 kilometers. - J. Geophys. Res. 75, 5517 - 5527, 1970.

**Verzeichnis der Mitteilungen aus dem Max-Planck-Institut
für Physik der Stratosphäre**

Nr. 1/1953   Über den Beitrag der von μ - Mesonen angestoßenen Elektronen zu den Ultrastrahlungsschauern unter Blei. G. Pfotzer

Nr. 2/1954   Ein Zählrohrkoinzidenzgerät zur Registrierung der kosmischen Ultrastrahlung. A. Ehmert

Eine einfache Methode zur Einstellung und Fixierung des Expansionsverhältnisses von Nebelkammern. G. Pfotzer

Nr. 3/1954   Optische Interferenzen an dünnen, bei -190°C kondensierten Eisschichten. Erich Regener (vergriffen)

Nr. 4/1955   Über die Messung der Temperatur des atmosphärischen Ozons mit Hilfe der Huggins-Banden. H. Zschörner und H. K. Paetzold

Nr. 5/1956   Ein neuer Ausbruch solarer Ultrastrahlung am 23. Februar 1956. A. Ehmert und G. Pfotzer, vergriffen (erschienen Z. Naturforschung 11a, 322, 1956)

Nr. 6/1956   Das Abklingen der solaren Ultrastrahlung beim Ausbruch am 23. Februar 1956 und die geomagnetischen Einfallsbedingungen. A. Ehmert und G. Pfotzer

Nr. 7/1956   Die Impulsverteilung der solaren Ultrastrahlung in der Abklingphase des Strahlungseinbruches am 23. Februar 1956. G. Pfotzer

Nr. 8/1956   Die atmosphärischen Störungen und ihre Anwendung zur Untersuchung der unteren Ionosphäre. K. Revellio

Nr. 9/1956   Solare Ultrastrahlung als Sonde für das Magnetfeld der Erde in großer Entfernung. G. Pfotzer

*

Die vorstehenden Hefte können beim Max-Planck-Institut für Aeronomie,
3411 Lindau angefordert werden.

Mitteilungen aus dem Max-Planck-Institut für Aeronomie

Nr. 1 (S) 1959   Waibel: Messungen von Primärteilchen der kosmischen Strahlung.

Nr. 2 (S) 1959   Erbe: Auswirkung der Variationen der primären kosmischen Strahlung auf die Mesonen- und Nukleonenkomponente am Erdboden.

Nr. 3 (I) 1960   Kohl: Bewegung der F-Schicht der Ionosphäre bei erdmagnetischen Bai-Störungen.

Nr. 4 (I) 1960   Becker: Tables of ordinary and extraordinary refractive indices, group refractive indices and $h'_{o,x}(f)$-curves or standard ionospheric layer models.

Nr. 5 (S) 1961   Schröpl: Über eine Neubestimmung des Absorptionskoeffizienten von Ozon im Ultraviolett bei kleinen Konzentrationen.

Nr. 6 (S) 1961   Erbe: Ergebnisse der Ballonaufstiege zur Messung der kosmischen Strahlung in Weissenau und Lindau.

Nr. 7 (S) 1962   Meyer: Elektromagnetische Induktion eines vertikalen magnetischen Dipols über einem leitenden homogenen Halbraum.

Nr. 8 (I u. S) 1962   Dieminger und Mitarb.:   Die geophysikalischen Ereignisse des 12. - 14. November 1960.

Nr. 9 (S) 1962   Pfotzer, Ehmert, and Keppler: Time Pattern of Ionizing Radiation in Balloon Altitudes in High Latitudes. Part A, Text; Part B, Figures and Diagrams.

Nr. 10 (S) 1963   Waibel: Eine Ballonsonde zur Messung von Röntgenstrahlung und solarer Ultrastrahlung.

Nr. 11 (S) 1963   Voelker: Zur Breitenabhängigkeit erdmagnetischer Pulsationen.

Nr. 12 (S) 1963   Jaeschke: Registrierung von Pulsationen im südlichen Niedersachsen als Beitrag zur erdmagnetischen Tiefensondierung.

Nr. 13 (S) 1963   Meyer: Elektromagnetische Induktion in einem leitenden homogenen Zylinder durch äußere magnetische und elektrische Wechselfelder.

Nr. 14 (S) 1964   Kremser: Über den Zusammenhang zwischen Röntgenstrahlungs-Ausbrüchen in der Polarlichtzone und bayartigen erdmagnetischen Störungen.

Nr. 15 (S) 1964   Keppler: Messung von Röntgenstrahlung und solaren Protonen mit Ballongeräten in der Nordlichtzone.

Nr. 16 (S) 1964   Kirsch: Die Anisotropien der kosmischen Strahlung.

Nr. 17 (S) 1964   Guilino: Ausbau eines Wechsellichtmonochromators und seine Anwendung zur Messung des Luftleuchtens während der Dämmerung und in der Nacht.

Nr. 18 (S) 1965   Pfotzer and Ehmert: Measurements of High Energetic Auroral Radiations with Balloon-Borne Detectors in 1962 and 1963 Part A to C, Text; Part D, Figures and Diagrams.

Nr. 19 (I) 1965 Hartmann: Bestimmung wichtiger Satellitenpositionen mit Hilfe graphischer Darstellungen.

Nr. 20 (S) 1965 Keppler: Über die Eigenschaften von Zählrohren und Ionisationskammern in verschiedenartigen Strahlungsfeldern. - Zur Interpretation von Röntgenstrahlungsmessungen in Ballonhöhe in der Nordlichtzone.

Nr. 21 (S) 1965 Siebert: Zur Theorie erdmagnetischer Pulsationen mit breitenabhängigen Perioden.

Nr. 22 (S) 1965 Meyer: Zur 27 täglichen Wiederholungsneigung der erdmagnetischen Aktivität, erschlossen aus den täglichen Charakterzahlen C8 von 1884-1964.

Nr. 23 (S) 1965 Frisius: Über die Bestimmung von Längstwellen - Ausbreitungsparametern aus Feldstärkemessungen am Erdboden.

Nr. 24 (I) 1965 Ma: Einfluß der erdmagnetischen Unruhe auf den brauchbaren Frequenzbereich im Kurzwellen-Weitverkehr am Rande der Nordlichtzone.

Nr. 25 (S) 1965 Kremser, Keppler, Bewersdorff, Saeger, Ehmert, Pfotzer, Riedler, Legrand: X - Ray Measurements in the Auroral Zone from July to October 1964.

Nr. 26 (I) 1966 Stubbe: Theoretische Beschreibung des Verhaltens der nächtlichen F-Schicht.

Nr. 27 (S) 1966 Wilhelm: Registrierung und Analyse erdmagnetischer Pulsationen der Polarlichtzone, sowie ein Vergleich mit Bremsstrahlungsmessungen.

Nr. 28 (S) 1967 Fabian: Über eine neue Ozonradiosonde und Untersuchung von Lufttransporten in der unteren Stratosphäre.

Nr. 29 (S) 1967 Specht: Über die Absorptions- und Emissionsstrahlung der atmosphärischen Ozonschicht bei der Wellenlänge 9,6 μ.

Nr. 30 (I) 1967 Rose und Widdel: Ein Meßgerät zur Bestimmung der Strömungsgeschwindigkeit in kurzen Rohren (Ionenzählern) bei niedrigem Gasdruck.

Nr. 31 (I) 1967 Hartmann: Die Amplitudenregistrierungen des Satelliten Explorer 22, unter besonderer Berücksichtigung der Effekte, die bei Elevationswinkeln kleiner als 45° auftreten.

Nr. 32 (I) 1967 Rüster: Lösung von Bewegungsgleichungen und Kontinuitätsgleichung der F-Schicht mit speziellen Anwendungen auf erdmagnetische Baistörungen.

Nr. 33 (S) 1968 Müller: Zur Modulation der kosmischen Strahlung.

Nr. 34 (S) 1968 Münch: Statistische Frequenzanalyse von erdmagnetischen Pulsationen.

Nr. 35 (S) 1968 Schreiber: Das Magnetfeld des Ringstroms während der Hauptphase erdmagnetischer Stürme und ein Vergleich mit dem beobachteten D_{st}-Anteil des Störfeldes.

Nr. 36 (I) 1968 Elling: Spezielle Näherungsformeln der Appleton-Hartree-Gleichungen zur Interpretation der Absorption einer Mittelwellenausbreitung im nächtlichen E-Gebiet der Ionosphäre.

Nr. 37 (I) 1968 Jones: Application of the Geometrical Theory of Diffraction to Terrestrial LF Radio Wave Propagation.

Nr. 38 (S) 1969 Zürn: Zum weltweiten Auftreten erdmagnetischer Pulsationen vom Typ pc 4.

Nr. 39 (S) 1969 Tiefenau: Untersuchungen an Kanal-Elektronen-Vervielfachern.

Nr. 40 (S) 1970: Sonderheft zum 60. Geburtstag von Herrn Prof. Dr.-Ing. G. Pfotzer am 29. November 1969 und Herrn Prof. Dr.-Ing. A. Ehmert am 6. März 1970.

Nr. 41 (S) 1970 Stratmann: Berechnung des Wellenfeldes eines Längstwellensenders im Entfernungsbereich bis 1000 km zur kontinuierlichen Sondierung der tiefen Ionosphäre durch Feldstärkemessungen in geeigneten Entfernungen vom Sender.

Nr. 42 (S) 1970 Pruchniewicz: Über ein Ozon-Registriergerät und Untersuchung der zeitlichen und räumlichen Variationen des Troposphärischen Ozons auf der Nordhalbkugel der Erde.

Nr. 43 (S) 1970 Richter: Über eine Ballonsonde für Polarlichtmessungen und über den Vergleich von Polarlichtemissionen, Röntgenstrahlen und ionosphärischen Absorptionen.

Nr. 44 (S) 1970 Niapour: Untersuchungen über die mittlere Multiplizität der Verdampfungsneutronen als Maß für die Veränderungen des Energiespektrums der kosmischen Strahlung.

Nr. 45 (S) 1971 Tiefenau: Messungen von Ozonprofilen über dem Meer und Bestimmung des Ozonflusses in die Meeresoberfläche sowie der spezifischen Ozonzerstörungsrate in der maritimen Grenzschicht.

Nr. 46 (S) 1972 Roeckner: Temperaturberechnung der Venusatmosphäre bis 80 km Höhe aufgrund solarer und thermischer Strahlungsströme sowie konvektiver und turbulenter Wärmetransporte.

Nr. 47 (S) 1972 Holl: Zur Theorie thermisch angeregter Gezeiten in der E-Schicht der Ionosphäre.

Nr. 48 (I) 1972 Hartmann, Oberländer, Schmidt, Schödel: Satellite Beacon Observations from 1964 to 1970.

Nr. 49 (S) 1972 Stüdemann: Direkte Teilchenmessungen im Morgensektor der Polarlichtzone.

Nr. 50 (S) 1973 Jessen: Ein Rechenmodell zur Beschreibung des stratosphärischen Ozonkreislaufs.

Nr. 51 (I) 1974 Barke, Elling, Geisweid, Heimesaat, Loidl, Römer, Schwentek, Zellermann
The southern boundary region of the winter anomaly in ionospheric absorption in winter 1971/72 observed on board a ship between 10° and 55° N.

If you have any concerns about our products,
you can contact us on
ProductSafety@springernature.com

In case Publisher is established outside the EU,
the EU authorized representative is:
**Springer Nature Customer Service Center GmbH
Europaplatz 3, 69115 Heidelberg, Germany**

Printed by Libri Plureos GmbH
in Hamburg, Germany